本书得到国家自然科学基金项目（42271262）资助

基于CLUE-S模型的城市开发边界划定

黄大全　林　坚　黄　静等　著

科学出版社
北　京

内 容 简 介

在我国自上而下的空间规划体系下，城市开发边界是国土空间分区管控和指标控制的关键政策工具。本书提出一套基于 CLUE-S 模型的土地利用变化空间模拟与建设用地开发适宜性评价相结合的理论方法框架，以土地所有权的基本单位——村级行政边界作为最小单元，划定城市开发边界，并以沈阳经济区的城市开发边界开展实证分析和应用研究。研究结果表明不同发展情景下的城市开发边界基本格局保持一致，仅边缘地区有所不同。

本书可以作为国土空间规划、人文地理学、土地管理以及城乡规划专业的本科生、研究生及相关研究人员的参考用书。

图书在版编目(CIP)数据

基于 CLUE-S 模型的城市开发边界划定 / 黄大全等著 . -- 北京 : 科学出版社, 2025. 1. -- ISBN 978-7-03-080279-8

Ⅰ. TU984. 231. 1; F323. 211

中国国家版本馆 CIP 数据核字第 20246R0Y73 号

责任编辑：王　倩 / 责任校对：樊雅琼

责任印制：徐晓晨 / 封面设计：无极书装

科学出版社 出版

北京东黄城根北街 16 号

邮政编码：100717

http://www.sciencep.com

北京华宇信诺印刷有限公司印刷

科学出版社发行　各地新华书店经销

*

2025 年 1 月第　一　版　开本：787×1092　1/16

2025 年 1 月第一次印刷　印张：6 3/4

字数：160 000

定价：128.00 元

（如有印装质量问题，我社负责调换）

前　言

作为世界上人口最多的国家，中国的城市规模正迅速扩张。城市蔓延引起耕地的锐减和生态环境的破坏，对城市的可持续发展造成了影响。为了有效地控制城市蔓延，世界上已有许多国家采用划定城市开发边界这一政策以应对城市蔓延问题。然而，中国城市开发边界的划定通常基于地方政府的意图和规划者的个人经验，缺乏足够的科学依据和定量的分析。为了弥补这个差距，本研究提出一套基于 CLUE-S 模型，土地利用变化空间模拟与建设空间适宜性评价相结合，利用村乡级行政边界来划定城市开发边界的方法，研究结果表明，不同发展情景下的城市开发边界基本格局保持一致，仅边缘地区有所不同。这种新的方法将为中国城市开发边界的划定提供技术支持，是一种新的探索。

全书分为九章。第 1 章是绪论，对中国城镇化、土地城镇化以及土地城镇化空间格局模拟进行了综述，由黄大全、黄静撰写。第 2 章对土地利用变化/覆被模拟模型进行了简述，由黄大全、黄静撰写。第 3 章对 CLUE-S 模型应用与研究进展进行了简述，由黄大全、黄静撰写。第 4 章对土地需求预测方法进行了分析，由黄大全、黄静撰写。第 5 章是城市开发边界的内涵与划定，由林坚、黄静撰写。第 6 章是沈阳经济区土地利用基本情况，由李洪兴、王思琢、石水莲撰写。第 7 章是建设用地开发适宜性评价，由谭欣、黄静、黄大全撰写。第 8 章是 CLUE-S 模型在沈阳经济区的应用，由黄静、黄运程、陈志东撰写。第 9 章是沈阳经济区城市开发边界划定，由黄大全、黄静撰写。

全书的框架由黄大全、林坚拟定，由黄大全、林坚统稿，黄静协助统稿。在本书撰写过程中，大家齐心协力，团结合作，保证了稿件的质量。希望本书的出版能对我国城市开发边界的划定，区域国土空间规划的编制和体系的建设提供借鉴意义。

本书的研究得到国家自然科学基金项目（42271262）的资助。在研究的过程中，得到国务院发展研究中心刘云中研究员，北京大学城市与环境学院楚建群老师，辽宁省国土资源调查规划局崔伟、关鹏，沈阳市规划设计研究院李玉芳、荀文会、贾艳萍等的大力支持与帮助，在此深表感谢！

我国对城市开发边界的理论、应用和管理实践的研究处于起步发展阶段，对城市开发边界的认识也在不断提高和发展。虽然我们研究团队作出了多方位的努力，但是由于作者知识水平、研究数据和方法的限制，仍有许多工作和内容有待深化，书中有不妥之处，恳请各位读者不吝赐教。

黄大全

2024 年 10 月

目　录

第1章 绪 论

1.1 中国城镇化研究

中国城镇化受到国际和国内学者的高度关注，城镇化研究成果丰富，理论不断完善，中国城镇化质量问题越发受到重视。中国正在经历着人类有史以来最大规模的城镇化过程，是人类历史上最大的一次人口迁移。城镇化已成为持续推动中国经济增长的重要动力，城镇化的发展战略是中国经济发展的不二选择。改革开放以来，关于中国城镇化道路及城镇化理论和实证研究成果丰硕（崔功豪和马润潮，1999；赵新平和周一星，2002；周一星，2005；陆大道和姚士谋，2007；李昕等，2012）。国际学者更多关注城镇化水平和经济发展的关系（Ayotamuno et al.，2010；Giraldo et al.，2012），认为在计划经济时期中国城镇化水平滞后于经济发展水平，随着中国经济的发展和制度的转型，中国城镇化水平正在逐渐适应甚至赶超经济发展水平（Ji et al.，2001；Lin and Huang，2008）。国内学者研究视角主要集中在城镇化与经济、环境和资源的相互关系，以及城镇化规模、质量和城镇化速度和城镇化水平的度量等方面。研究尺度涉及全国、区域、城市和城市群等（刘艳军等，2006；韩增林和刘天宝，2009；耿海清等，2009），主要结论是中国城镇化水平滞后于经济发展水平，但滞后程度在缩小且存在着东西空间分异，城镇化与生态资源环境发展不协调或是处于低度协调，城镇化快速发展的同时伴随着土地资源的低效利用，城镇化质量总体水平不高且城镇化质量与规模没有对应关系（陈彦光，2011；王德利等，2011）。

对城镇化水平的测度主要有单一指标法和综合指标法，综合指标法的测度日益得到重视。用城镇人口占总人口的比例来测度城镇化水平，固然有其简单易行的优点，但城镇化是经济结构、社会结构、生产方式及生活方式的根本性转变，涉及产业的转变和新产业的支撑、城乡社会结构的全面调整和转型、庞大的基础设施建设和资源环境的支撑。单一指标法的人口城镇化水平，只测度了农村人口向城镇集中的数量过程，难以准确地反映城镇化的丰富内涵，需要构造综合指标测度体系以更全面、更完整地监测城镇化进程，阐明人口城镇化与地域景观、经济结构以及生活方式协同演进状况。目前采用综合指标法测度城镇化，比较一致的观点是城镇化包括四个维度：人口城镇化、土地城镇化、经济城镇化和社会城镇化（陈春，2008；张春梅等，2012）。

1.2 土地城镇化研究

土地城镇化的研究是我国社会经济在转轨时期，高速的工业化、城镇化发展，社会经济发展面临的重大课题。如何处理“建设”与“吃饭”的关系问题，一直是中国城镇化发展过程面临的艰难抉择和挑战。陆大道院士在《“冒进式”城镇化后患无穷》的调研报告中指出，近年来，在我国城镇化发展过程中，“人口城镇化”出现大量水分，因而与城镇化发展质量差形成鲜明对比的是“土地城镇化”速度过快，城镇发展空间严重失控。作为重要的生产要素，土地资源对城镇化发展的支撑作用与制约作用远远超过其他生产要素。土地资源在城镇化进程中扮演了主要的角色：一方面，土地城镇化为我国的城市建设提供了最主要的资金来源；另一方面，土地过度城镇化带来的种种负面效应，已经严重影响到我国社会、经济和环境的可持续发展。土地城镇化方式转型以及质量提升迫在眉睫。

土地城镇化研究的理论框架有待构建，研究内容的深度和广度有待扩充，研究的技术和方法有待突破。现有土地城镇化研究成果主要集中在土地城镇化的度量方法及其与人口、经济等要素匹配关系。与土地城镇化相关的领域还包括土地非农化、城市增长与用地扩张研究（蒋芳等，2007；Long et al.，2007；林坚，2009；Soulard and Sleeter，2012；丁成日，2012；胡玉敏和杜纲，2012）。对土地城镇化质量的研究，目前仅有一些与土地城镇化质量相关的概念，如“空间绩效”和“用地效率”的评价（吕萍和周滔，2008；鲁德银，2010；田莉，2011；吕斌等，2012）。而现有土地评价的研究成果主要集中在土地用途确定的条件下单目标评价，如土地适宜性评价、土地集约利用评价和土地整治效益评价等（韦亚平和赵民，2006；班茂盛等，2008；彭坤焘和赵民，2010；罗文斌和吴次芳，2012），而对不同尺度区域，多目标用途的土地利用效益还需要在理论和方法研究上进一步深化。党的十八大报告提出，促进生产空间集约高效、生活空间宜居适度、生态空间山清水秀，给自然留下更多修复空间，给农业留下更多良田，给子孙后代留下天蓝、地绿、水净的美好家园。为土地城镇化质量的评价提出了一个总体的目标和导向，但指标体系的构建、土地城镇化质量的评价、空间的识别和监测等理论与技术方法需要深化。

1.3 土地城镇化空间格局模拟

土地利用空间格局是地理学、土地经济学、城市经济学和城市规划研究的重要内容，其理论最早可追溯到冯·杜能（von Thunen）的农业区位理论，其核心内容是土地利用类型和土地经营集约度的变化不仅取决于自然条件，更重要的是取决于距离市场的远近，将空间变量引入规范的经济理论研究。Alonso（1964）将杜能的关于孤立国农业土地利用的分析引申到城市，以解释城市内部的地用和地价的分布，开创了城市经济学的理论研究。米尔斯、穆斯等与城市居住区位紧密相关的论作先后发布，进一步丰富与完善城市土地利用空间结构和格局分布的研究。后来 Lowry（1964）提出了在一个城市内部具有功能分区的土地利用模型，即著名的劳里模型，在城市规划、城市土地利用和交通等研究领域产生了持久的影响（Goldner，1971；Edwards，1977）。在面向应用层面，也有一些软件系统面世，常用的软件主要有 6 个：ITLUP（Integrated Transportation/Land Use Package）、MEPLAN、TRANUS、MUSSA、NYMTC-LUM 和 UrbanSim（Batty，2001；Hunt et al.，2005）。在区域层面，我国一些学者根据中国的具体情况，提出了 T 形发展理论、π 形布局等理论，这些理论可为我国土地城镇化空间格局的研究提供参考和借鉴。

土地利用空间格局驱动力模型发展迅速，但模型的解释力和模型参数需要检验。为满足人类对食物、衣物、住房的需求等，地表的土地利用/覆被已经产生深刻的变化（Foley et al.，2005）。目前用来描述人类活动与土地利用相互作用关系的模型化方法大致可以分为三类：基于经验的统计模型、基于过程的动态模型和综合模型。基于经验的统计模型采用多元统计分析法，分析每个外在因素对土地利用变化的贡献率，从而找出土地利用变化的外在原因，适用于数据比较多的区域，数据的可靠性决定模型的可信度，优点是简化问题，易抓住复杂系统中的主要矛盾。例如，史培军等（2000）通过回归分析得出深圳土地利用变化的人为驱动力。陈春和冯长春（2010）从经济、社会、政府、地理四类因素中选择变量，构建了建设用地增长的驱动力模型。甘红等（2004）采用多元回归模型揭示了土地利用结构空间分布及其变化与人为因子之间的定量关系，并从中筛选出影响土地利用类型、结构变化的主导人为驱动因子。摆万奇等（2004）在大渡河上游驱动力的研究中采用回归模型确定了土地利用与驱动力之间的定量关系。基于过程的动态模型包括元胞自动机（cellular automaton，CA）模型、基于主体模型（agent based model，ABM）和系统动力学（system dynamics，SD）模型。综合模型主要是根据特定的具体问题，应用土地利用变化及其效益（conversion of land use and its effects，CLUE）模型（Braimoh and Onishi，2007）。不同模型各有优缺点，模型的解释力和模型参数需要检验。

1.4　基于多情景的土地利用空间模拟

改革开放以来，随着经济持续增长、城镇化和工业化快速推进，中国城市建设用地进入快速增长阶段。《中国城市统计年鉴》有关数据显示，2003～2011 年我国城市建设用地面积增长 64.06%，而同期城市人口仅增长 8.86%，城市建设用地增长幅度是城市人口增长幅度的 7 倍多。建设用地的快速扩张为城市可持续发展带来了一系列难题，如建设用地侵占良田，对粮食稳定供应造成威胁；征地拆迁过程中引起失地农民不满，增加了社会不稳定因素；建设用地蔓延和无序扩张，加剧了交通拥堵、空气污染，给区域资源与生态环境造成巨大的压力。在此背景下，城市建设用地的扩张和有关影响因素受到学术界、政府机构和社会公众的广泛关注。

为了有效地控制城市建设用地的扩展和蔓延，在全国第二次土地利用总体规划（1997～2010 年）的编制中明确要求划定城市中心城区的建设用地控制范围。2006 年《城市规划编制办法》提出研究中心城区空间增长边界。2013 年中央城镇化工作会议明确要求尽快把每个城市特别是特大城市开发边界划定。2014 年 7 月国土资源部与住房和城乡建设部在北京、上海、杭州等 14 个城市开展了开发边界划定的试点工作。2015 年 5 月国土资源部要求所有城市都要开展城市开发边界划定工作。2019 年中共中央办公厅国务院办公厅印发《关于在国土空间规划中统筹划定落实三条控制线的指导意见》要求统筹划定落实生态保护红线、永久基本农田、城镇开发边界三条控制线。

关于城市开发边界划定，主要有三种方法。一是增长法，即通过构建城市增长模型来模拟城市未来增长形态，并据此划定城市增长边界（urban growth boundary，UGB）。人工神经网络（artificial neural network，ANN）、空间 Logistic 回归模型、元胞自动机模型及其改良在这类方法中都有所应用。二是控制法，这类划定方法以土地（生态）适宜性评价为代表，以生态优先为基本思想，考虑城市增长过程中生态环境的约束性作用，通过构建指标评价体系，分析区域环境承载力、生态适宜性差异并进行分局，进而划定城市增长边界。三是综合法，将增长法和控制法综合在一起，既考虑城市的发展需求，又考虑城市生态环境保护的需求，进而划定城市开发边界。

本研究利用空间 Logistic 回归模型分析土地利用变化的驱动机制，以及土地利用变化的原因，利用 CLUE-S（conversion of land use and its effects at small region extent，CLUE-S）模型对未来土地利用变化进行模拟预测，并多情景的土地利用模拟，结合建设用地开展适宜性评价和社会经济发展，对沈阳经济区各中心城市的城市开发边界进行模拟和预测，为各城市政府划定城市开发边界、开展国土空间规划“三区三线”的城镇开发边界的统筹划定提供依据。

第2章　土地利用/覆被变化模拟模型简述

2.1　土地利用/覆被变化及其效应

2.1.1　土地利用/覆被变化

土地是人类赖以生存的重要资源和物质基础。土地利用与土地覆被变化受到人类活动以及自然变化等作用，对人类的生存和发展产生巨大影响（蔡运龙，2001）。土地利用与土地覆被变化对生物多样性、水资源、碳循环等造成影响，是全球环境变化研究的主要议题，对于环境管理领域十分重要（Turner，1994）。国际地圈-生物圈计划（International Geosphere Biosphere Programme，IGBP）和全球环境变化的人文因素计划（International Human Dimension Programme on Global Environmental Change，IHDP）于1995年联合提出“土地利用/覆被变化”（land use/cover change，LUCC）研究土地利用与土地覆被变化（Turner et al.，1995）。经过20多年的发展，LUCC研究计划已经在世界各国得到了广泛的开展。

土地利用是指人类对土地资源有目的地进行开发的活动；土地覆被是指地表自然形成的或人为引起的覆被状况（陈佑起等，2001）。例如，农业用地、林业用地、交通用地、居住用地等一般表示土地利用情况，而与各类用地相关的物质状况，如各类作物、树木、房屋等则一般表示土地覆被情况。土地利用与土地覆被有着密切的联系，土地利用是土地覆被变化的重要影响因素，土地覆被变化又对土地利用产生一定的作用（李秀彬，1996）。

2.1.2　土地利用/覆被变化环境效应

土地利用/覆被变化是全球环境变化对人类活动的响应。人类在开发利用自然资源的同时，也剧烈地改变了地球表层的土地利用与土地覆被情况（唐华俊等，2009）。已有研究表明，土地利用/覆被变化对土壤、大气环境、水文、生物多样性等产生了重要的影响（表2-1）。

表 2-1　土地利用/覆被变化环境效应

指标	环境效应	具体体现
土壤	土壤侵蚀、土壤退化（物理、化学等）	人类对土地不合理的利用方式，如过度砍伐森林、陡坡开垦等带来了土壤侵蚀。水土流失现象是我国目前面临的严峻的生态问题。 土地利用对土壤养分循环造成影响，从而引起土壤养分的积累或流失（杜习乐等，2011）
大气环境	大气、气候	LUCC 改变了大气的化学性质和过程。例如，建设用地的扩张、森林的砍伐等带来的土地利用过程影响着 CO_2、CH_4 以及 N_2O 等气体的产生机制，使更多的温室气体或污染性气体排放至大气中。 LUCC 通过生物物理与生物地球化学两种机制对气候造成影响（曹明奎和李克让，2000）。生物物理机制体现在 LUCC 改变了地表反射率，进而使温度和湿度变化。生物地球化学机制体现在温室气体带来的气候变化，以及降水在土壤水、蒸散和径流中的分配影响气候（Foley et al.，2005）
水文	水循环、水质	LUCC 通过物质能量流动过程的改变影响水环境（范树平等，2017）。不同的土地覆被类型对降水的截留、蒸腾以及下渗作用不同，因此 LUCC 带来水循环特征的改变（于兴修等，2004）。 LUCC 带来的水质变化包括水质恶化及水体污染等。水体污染主要为非点源污染途径，是指污染物通过径流过程流入水体所引起的污染现象（赵米金和徐涛，2005）
生物	生物多样性	LUCC 对生物的栖息地造成扰动，造成景观破碎化等，一些重要的生态系统逐渐变为斑块，产生了边界效应，进而引起生物多样性变化

2.2　LUCC 模型的作用

模型在包括 LUCC 在内的多个研究领域有着广泛的运用。有学者就为什么需要使用模型给出了 16 个方面的原因解释，包括解释（与预测十分不同）、指导数据收集、阐明核心动态、发现新问题与政策制定等。模型的这些优势对推动 LUCC 领域的相关研究有着十分重要的作用，采用模型模拟的方法不仅是对未来的预测，也对 LUCC 过程格局有着很强的解释意义。

模型模拟是支持 LUCC 研究计划的重要组成部分。LUCC 研究计划主要包括三个基本目标：LUCC 的状况、原因与结果（后立胜和蔡运龙，2004）。在了解 LUCC 状况方面，LUCC 模型模拟有助于帮助人们更好地理解 LUCC 过程，了解人类决策对土地利用变化的影响。在原因解释方面，LUCC 模型作为一种定量化的分析工具，能够体现出对土地利用格局驱动因素的响应，测算其敏感性，分析 LUCC 的主要驱动因子，从而探索重要的 LUCC 原因与过程（朱利凯和蒙吉军，2009）。在结果预测方面，LUCC 模型的情景分析有助于确定环境变化的关键地点，并对未来情景作出预测，是综合环境管理的重要工具，能够为土地利用规划和政策制定提供依据（Verburg et al.，2002）。情景分析是指人们对未来一定时期内的自然因子和社会经济变化作出设定与推演，预测不同发展情景下的 LUCC 情况，通过情景分析有助于人们了解未来可能的 LUCC 格局以及其所带来的自然生态与社会经济等影响，突出土地利用中的热点区域和问题，从而对将来土地利用变化的效应作早期预警，避免 LUCC 带来的负面影响。

2.3 LUCC 模型的类型

2.3.1 LUCC 模型划分

LUCC 模型在地理学、景观生态学、城市规划学与经济学等领域均有运用。模型具有较大数量的维度，不同学科的观点、方法、数据可获得性均有不同，因此 LUCC 模型的类型划分较为复杂，具有多种划分依据，产生了不同的类型。

2.3.2 根据特定 LUCC 过程划分

一些研究关注针对特定 LUCC 过程的 LUCC 模型，如景观生态模型、林地模型、城市模型等。Baker（1989）率先发表了 LUCC 模型在景观生态领域的综述文章，其认为景观模型寻求对景观总体属性或状态随时间变化的模拟。Baker（1989）根据模型的实现目标进行分类，如分布模型描述了土地覆被类型中景观比例的变化，而空间景观模型描述了土地覆被位置和结构的变化，并未讨论明确表述人类决策的模型。一些学者对 LUCC 模型在热带地区森林砍伐过程的运用进行了回顾，如 Lambin（2006）描述了数学模型、经验/统计模型及空间模拟等土地覆被变化模拟模型，Kaimowitz 等（1997）使用类似的分类方法，对森林砍伐过程模型进行了微观、区域的和宏观经济过程模型的总结。

2.3.3 根据空间、时间和人类决策维度划分

Agarwal 等（2002）采用了一种新颖的视角对 LUCC 模型进行划分，该划分方法首先构建空间、时间和人类决策三个维度，在此框架下根据三个维度在模型尺度与模型复杂程度两个方面的表现对 19 个运用较为广泛的 LUCC 模型进行了划分和具体分析。值得注意的是，在这种划分中，对人类决策因素给予了高度的重视。人类行为对 LUCC 起着巨大的影响，是否能够充分融入人类决策因素对 LUCC 过程的再现与模拟精度的提高显得尤为重要。

2.3.4 根据理论方法划分

许多研究根据 LUCC 模型所采用的理论方法进行划分。Lambin 等（2006）对土地利用变化模型进行了详细的论述，并将土地利用变化模型划分为经验统计模型、随机模型、优化模型及动态（基于过程）模型四大类：经验统计模型使用外生性变量以识别引起 LUCC

的原因；随机模型主要由转移概率模型组成；优化模型源于经济学思想，包括基于线性规划的微观经济学水平分析或是宏观水平的均衡模型；动态模型寻求对 LUCC 主体、生物体以及环境之间的相互作用过程的模拟。Brown 等（2004）将 LUCC 模型分为经验拟合模型和动态过程模型两大类，经验拟合模型包括马尔可夫模型、统计回归模型等；动态过程模型包括元胞自动机模型、基于主体模型等。朱利凯和蒙吉军（2009）认为 LUCC 模型可以划分为经验统计模型、概念机理模型及综合模型三大类，并认为经验统计模型和概念机理模型分别对应了归纳法和演绎法两大科学研究方法，且指出经验统计模型中 Logistic 回归模型应用较为广泛，概念机理模型中常用的是经济学模型与基于主体模型。

2.4　LUCC 模型的简介

随着 LUCC 模型研究的不断加深，以经验拟合模型、元胞自动机、基于主体模型/多智能体模型等为代表的 LUCC 模型已经被广泛应用于土地利用变化科学的研究中。本书主要从理论方法的角度对常用的 LUCC 模型进行介绍。

2.4.1　经验拟合模型

经验拟合模型对 LUCC 进行时间趋势或空间模式上的拟合。一些早期的经验拟合模型采用马尔可夫模型来表示 LUCC 过程。马尔可夫模型中，未来的土地利用状况是以现状土地利用状态格局为代表的转移概率。土地利用系统的状态被定义为各种土地利用类型的数量，转移概率是指某一土地利用类型转变为其他土地利用类型的可能性。马尔可夫模型具有“无后效性”的特点，模型假设土地利用动态系统在 $T+1$ 时刻的状态仅与 T 时刻状态有关，与 T 时刻以前的状态无关（李黔湘和王华斌，2008）。马尔可夫模型的实质是对土地利用数量变化进行趋势外推，存在土地利用状态空间显性表达不足的缺点。

经验拟合模型通常使用多种驱动因子对 LUCC 过程进行分析，通过建立 LUCC 与相关变量的统计经验关系，从定量的角度识别土地利用变化的原因。土地利用与土地覆被类型及其变化具有离散性质，因此研究中较常用的方法为估计概率的 Logistic 回归函数。经验拟合模型有助于找出土地利用系统中的主要驱动因子，从而简化问题，抓住复杂系统中的主要矛盾（郭斌等，2008）。同时，经验拟合模型的应用也具有一定的局限性：①统计学上的显著关联性并不意味着一定存在因果关系，即假设的因果关系不一定成立。②经验拟合模型无法进行广泛的推断，适用于某一区域的经验拟合模型在该区域之外可能无法发挥作用。③经验拟合模型适用于具有过去一段时期内土地利用基础数据的区域，即模型受数据以及区域的限制。

2.4.2　元胞自动机

元胞自动机是 LUCC 模型中应用最为普遍的模型之一，该模型于 20 世纪 40 年代由

Ulam 提出，而后由 von Neumann 将其用于研究自组织系统的演变过程（White et al.，1993）。Tobler 首次将元胞自动机应用于地理学领域的模拟中，元胞自动机在地理学领域的建模是分析模拟地理动态过程的一次方法革命（黎夏，2007）。元胞自动机由四个基本要素组成：元胞、状态、邻域与转换规则，通过简单的局部转换规则模拟复杂系统，是一种自下而上的模型。元胞是元胞自动机的最小单元；状态是元胞所代表的土地利用类型属性；邻域是某一元胞与其周围元胞的关系；转换规则对元胞从某一状态转换为另一状态进行设定，转换规则基于邻域函数实现（黎夏和叶嘉安，1999）。

元胞自动机模拟的核心在于根据转换规则决定元胞的状态变化。元胞自动机是一种在时间、空间及状态上均离散的模型，模型中的时间是不连续的，元胞状态的变化也可能不是同步的。T+1 时刻某元胞的状态由该元胞 T 时刻的状态和其邻域状态共同决定。元胞的动态转换过程可以用式（2-1）表示（黎夏等，2009）：

$$S_{T+1}=f(S_T,\ N) \tag{2-1}$$

式中，S 为元胞自动机中所有可能状态的集合；f 为转换规则；N 为元胞邻域。元胞自动机的转换规则具有先验性，往往根据设定者的专业知识或者专家经验进行设定。转换规则的设定是元胞自动机模拟的核心，不同的转换规则设定将带来截然不同的模拟结果（郭欢欢等，2011）。转换规则设定的方法多样，已有研究采用包括多准则评估法（Wu et al.，1998）、遗传算法（Jenerette et al.，2001）、神经网络法及 Logistic 回归法（聂婷等，2010）等在内的多种方法进行模拟试验。

元胞自动机基于复杂系统理论的思想，通过简单的局部转换规则可以模拟出复杂土地利用系统的变化状态。此外，元胞自动机是一种空间显性的 LUCC 模型，能够从空间上动态地表现元胞状态的变化过程。同时，元胞自动机也存在一定的缺陷，模型对规则进行了简化，研究中通常没有纳入对 LUCC 过程具有重要影响的人类决策因素，如政策干预、社会团体、机构或个人对土地利用变化过程的作用，缺少人类决策因素使模拟结果与现实存在一定的偏差。

2.4.3 基于主体模型/多智能体模型

基于主体模型的土地利用模拟方法将主体决策过程纳入土地利用的空间变化过程中，是决策主体与土地利用方式的有机结合。基于主体模型由微观层面的主体及其动态定义，即主体行为者自身、主体行为者彼此之间以及主体与环境的相互作用关系。基于主体模型中，主体可能是个人（如开发商），也可能是机构（如乡镇、非政府组织、公司）等，模型可能包括一种或多种类型的主体以及嵌入主体的环境，当系统由多个主体结合时将构成多智能体系统（multi-agent system，MAS）。模型中的环境通常代表了物理环境，如土地、水、道路或其他基础设施，在基于主体模型的 LUCC 领域中，其环境通常为土地利用系统，由空间栅格数据表示。

基于主体模型中的主体具有自律性、反应性、社会性和自发性 4 个属性，根据实际运用情况还具有其他属性（黎夏等，2007）。模型需要定义主体状态（如偏好、记忆事件和社会关系)、主体决策规则以及主体执行特定行为的其他机制。主体可以通过响应其他主体或环境生成个体行为，也可以通过基于经验的学习来适应或改变其行为，自适应行为通常用某一学习算法来表示，如遗传算法等。基于主体模型包含着复杂的交错反馈关系，主体行为影响主体彼此及其环境，同时环境也通过响应主体发生着一定的变化。当模型运行时，主体通过决策规则决定与哪些主体发生交互作用、交互时如何做以及如何与环境相互作用。决策主体之间存在相互作用，当空间尺度变化时，决策主体之间的相互作用以及决策主体与环境之间的作用也受到一定的影响（裴彬和潘韬，2010）。因此，基于主体模型的土地利用动态模型适用于分析空间相互作用或者用于多尺度现象。同时，模型也存在一定的不足，在很多情况下难以准确描述主体行为，特别是当主体为高层次的组织机构时，如何解释主体的选择行为也是十分困难的。

第 3 章 CLUE-S 模型应用与研究进展

CLUE-S 模型于 2002 年正式推出，是荷兰瓦赫宁根大学的研究团队在早期的 CLUE 模型基础上研发的 LUCC 模型。相对于针对国家和区域尺度的 CLUE 模型，CLUE-S 模型适用于区域等中小尺度的土地利用变化研究（Verburg et al.，2002）。许多 LUCC 模型仅模拟某一种土地利用类型的变化，然而土地利用变化是多种土地利用过程相互作用的结果。CLUE-S 模型考虑了各土地利用类型之间的关联性与竞争性，能够模拟不同土地利用类型在同一时期的土地利用格局，是一种动态的、空间显性的 LUCC 模型。CLUE-S 模型自推出以来在 LUCC 领域得到了广泛的应用。本章对国内外 CLUE-S 模型研究成果进行了归纳与整理，总结了 CLUE-S 模型的应用与存在问题，试图探索研究趋势，以期对继续深入研究提供参考。

3.1 CLUE-S 模型原理与结构

3.1.1 模型结构

CLUE-S 模型由非空间模块和空间模块两部分组成。非空间模块实现各土地利用类型需求总数的计算。土地利用需求是对土地利用变化情景的预测，可以通过耦合其他多种模型方法实现，如马尔可夫链、趋势外推法、经济学模型等。CLUE-S 模拟以年为步长，因此土地利用需求以逐年的面积输入至模型中。

CLUE-S 模型的空间模块与非空间模块相互独立，为 CLUE-S 模型的核心组成部分。空间模块中的数据为栅格形式，能够对土地利用需求进行分配，转化为基于栅格的不同地点的土地利用格局。空间分配的基础是建立各类驱动因素与土地利用类型分布之间的经验统计关系，并生成土地利用类型空间分布概率，指示每一土地利用类型在某一地点发生的可能性（蔡玉梅等，2004；Almeida et al.，2008；Lin et al.，2008）。此外，土地利用类型的空间配置还需要设置限制性区域、土地利用转换弹性以及转移矩阵等参数。限制性区域内的土地利用类型在模拟中不发生转变，体现了人类决策的作用。例如，自然保护区、历史文化古迹、基本农田保护区，在 CLUE-S 模型中将这类区域设置为限制区，可避免其转变为其他土地利用类型。土地利用转换弹性代表了某一土地利用类型转变为其他类型的难易程度，难易程度体现了土地利用类型转换的成本。例如，农业用地被开发为城市建设用地需要较高的开发成本，因此农业用地转变为城市建设用地后很难再转变为农业用地。CLUE-S 模型中，土地利用转换弹性参数的设置区间为 0 ~ 1，越接近 1 表明该类土地越难转变为其他土地利用类型；越接近 0 表明该类土地越容易转变为其他土地利用类型。转移矩阵是对土地利用类型之间是否能发生转变的设置，1 表示两种地类间可以发生转变，0 表示两种地类间不能发生转变（图 3-1）。

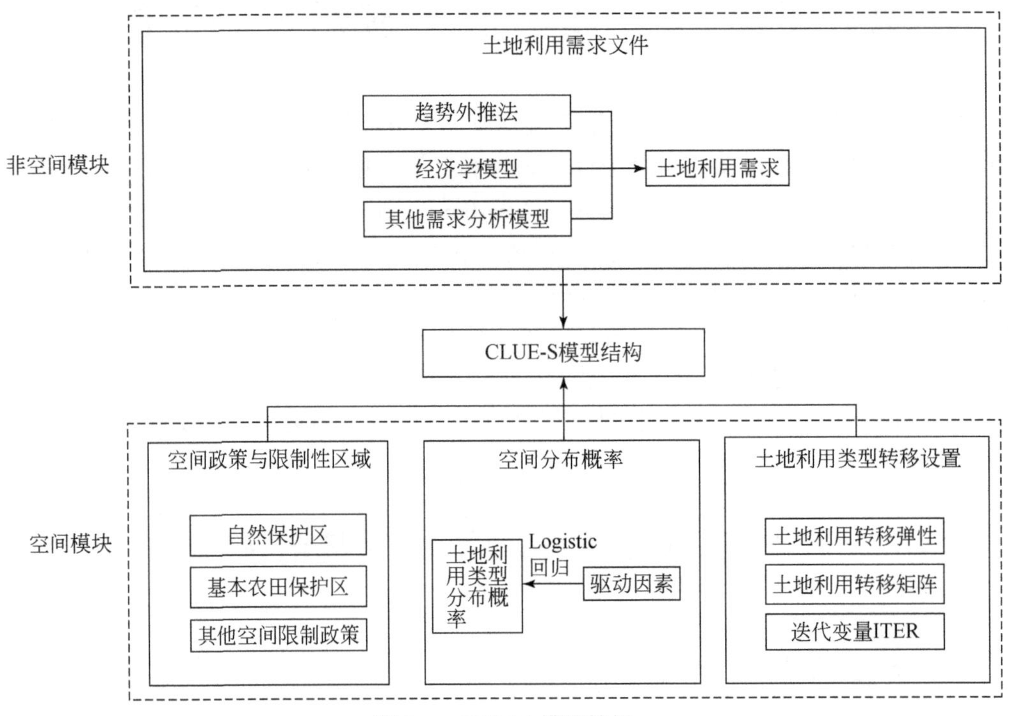

图 3-1　CLUE-S 模型结构

3.1.2　模型特征

土地利用系统具有关联性（connectivity）、层级性（hierarchical organization）、互动性（interactivity）、稳定性（stability）与弹性（resilience）等特征。CLUE-S 模型以土地利用系统的层级性、关联性及稳定性等特征为基础，综合分析与土地利用变化相关的生物物理因素和社会经济驱动因素，建立不同土地利用类型的空间分布概率，运用系统论的方法实现基于需求分析下的全局土地利用类型的同步模拟（表 3-1）。

表 3-1　土地利用系统特征

土地利用系统特征	内涵	说明	CLUE-S 模型特征体现
关联性	地点之间存在一定的距离关联性（Green，1994），关联性特征可能是生物物理过程的直接结果，也可能是由人类活动造成	某一地点的土地退化迫使农民寻找新的地点进行开发活动	土地利用动态模拟土地利用限制区转移矩阵

续表

土地利用系统特征	内涵	说明	CLUE-S模型特征体现
层级性	社会组织结构中的高等级组织可能会限制低等级组织，同时高等级组织产生于低等级组织的动态过程（Allen and Starr，1982）	若在市场附近开发新的土地种植某一作物，可能影响该市场中此作物的价格，进而造成距离市场较远种植该作物的农民获利减少	土地利用需求计算
互动性	LUCC是多种过程交互作用的结果，这些过程受到一种或多种因素驱动，不同因素的作用方式也存在不同	土壤因素决定了农业用地的使用。人口的增长通常是土地利用转化的重要驱动因素	土地利用类型空间分布与驱动因素间的统计经验关系
稳定性与弹性	弹性是指土地利用系统受扰动的能力，或是在改变其结构前所受最大扰动的大小（Holling，1992）。由于具有稳定性与弹性，在大多数情况下，外部干扰与影响不易造成土地利用系统的直接变化	自然灾害过后，受其影响的土地可能会暂时受到搁置，但经过一段时间后，人们会恢复对土地的使用与管理	转换弹性

资料来源：Verburg等（2002）

3.1.3 模型原理

CLUE-S模型土地利用变化的分配是一个多次迭代的过程，基于不同土地利用类型分布概率，并结合模拟起始年份土地利用图、土地利用需求以及各土地利用等参数。CLUE-S模型空间分配的核心在于根据土地利用需求，实现对土地利用类型总概率的空间配置。

对于每一栅格单元，总概率的计算由三部分组成：

$$\mathrm{Tprop}_{u,i} = P_{u,i} + \mathrm{ELAS}_i + \mathrm{ITER}_i \tag{3-1}$$

式中，$\mathrm{Tprop}_{u,i}$ 为栅格单元 u 对应某一土地利用类型 i 的总概率；$P_{u,i}$ 为栅格单元 u 上某一土地利用类型 i 的分布概率，对应与土地利用相关的生物物理因素和社会经济因素等；ELAS_i 为某一土地利用类型 i 的转化弹性，体现了土地利用类型的转化成本，该数值越大，表明该地类转化成本越高，越难转化为其他土地利用类型；ITER_i 为某一土地利用类型 i 的迭代变量。

CLUE-S模型空间分配迭代过程如图3-2所示：①通过限制性区域的设置，确定允许发生转换的栅格。②计算每一栅格单元的 $\mathrm{Tprop}_{u,i}$ 值。③在模型空间配置初始阶段，对各土地利用类型设置相同的迭代变量，此时每一栅格单元将根据各土地利用类型的 $\mathrm{Tprop}_{u,i}$ 值按从大到小进行初次分配。④在第一次计算出各土地利用类型总概率后，根据初次空间分配结果与情景需求中的土地利用面积进行比较，若某一土地利用类型 u 的初次空间分配结果小于需求面积，该土地利用类型的迭代变量 ITER_i 值将提高，反之则降低。⑤模型进行步骤②～④的迭代，直至土地利用分配面积与需求面积相同时，模拟完成。

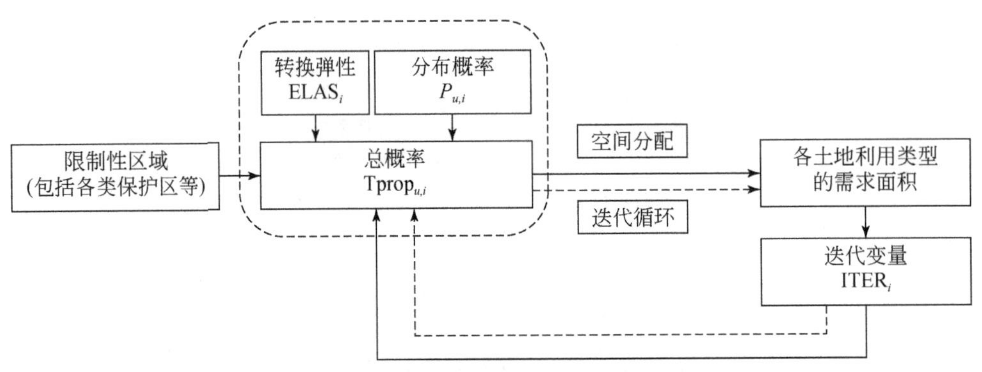

图 3-2　CLUE-S 模型空间分配迭代过程

3.2　CLUE-S 模型应用进展

3.2.1　空间尺度

LUCC 模型在地理学、景观生态学、城市规划学等学科领域均有所运用，不同学科对于尺度的内涵界定存在不同，尤其是地理学与其他社会学科。地理学家将尺度定义为地图上单位距离的长度（比例尺）与现实中这一单位距离长度之比，大尺度地图意味着展示更多的细节，但涵盖范围较小（Greenhood，1964）。在其他社会学科领域则相反，大尺度意味着较大的范围。为了避免这种困惑，本研究借鉴 Agarwal 等（2002）提出的方法，小尺度（fine scale）对应地理范围上的小区域和小单元，大尺度（broad scale）对应较大的空间范围和更大的分析单元。CLUE-S 模型的原型为 CLUE 模型，CLUE 模型主要应用于国家和区域尺度的土地利用研究（Veldkamp and Fresco，1996），但该尺度下，数据获取较为困难，因此对模拟造成一定的影响。此后，研发者对 CLUE 模型进行一系列的改进，主要应用于中小尺度的研究，也有部分学者将其应用于较大尺度的研究。

1）CLUE-S 模型在区县、市域、城市群及流域等中小尺度下具有较好的适用性，分辨率一般小于 1km×1km。多数研究以区县、市域范围为模拟对象，利用 CLUE-S 模型模拟一定时间尺度下土地利用动态变化。在城市群尺度上，CLUE-S 模型成功模拟京津冀城市群、辽宁中部城市群、哈大齐工业走廊等土地利用格局（张丽娟等，2011；刘淼等，2012；刘菁华等，2017）。此外，CLUE-S 模型也被广泛应用于流域范围内的土地利用与土地覆被变化的研究中（王祺等，2014；郭洪伟等，2016；李莹和黄岁樑，2016；李铸衡等，2016；孙丽娜和梁冬梅，2016；卞子浩等，2017）。

2）CLUE-S 模型也被应用于大尺度下的土地利用变化研究中。大洲及国家级尺度的研究集中于欧洲，此外中美洲、南美洲热带地区也有所运用。Verburg 等（2008）在 1km×1km 分辨率下，模拟了欧洲大陆 2030 年土地利用格局，结果表明农业用地的闲置以及城镇化将会对欧洲景观格局造成巨大的影响。Britz（2011）在 1km×1km 分辨率下，使用 CLUE-S 模型模拟了欧洲土地覆被变化，并与关注农业用地的 CAPRI-Spat 模型进行结合，为土地变化和农业政策对环境与经济的影响进行评估。Wassenaar 等（2007）在 3km×3km 分辨率下，成功模拟了中美洲和南美洲热带地区的森林砍伐变化。此外，也有学者将 CLUE-S 模型应用于我国国家尺度上的土地利用模拟，高志强和易维（2012）分别以 CLUE-S 模型和 Dinamica EGO 模型模拟了 2000～2020 年中国土地利用状况，并以 2005 年土地利用数据对模拟结果进行验证，表明 CLUE-S 模型的预测总体精度高于 Dinamica EGO 模型。

3.2.2 应用领域

CLUE-S 模型在 LUCC、环境管理、城市空间扩展等相关领域已取得了一定的应用。CLUE-S 模型通过土地利用适宜性概率反映了土地利用的竞争性，能够实现多种土地利用类型的同步模拟。CLUE-S 模型综合考虑了土地利用系统中的驱动因子，通过土地利用需求分析，模拟情景设置下的土地利用格局，有助于人们探索 LUCC 的过程格局以及未来可能造成的影响。

CLUE-S 模型在 LUCC 领域的研究思路主要包括以下方面：①对过去某一时期的土地利用变化格局进行模拟，并与现状图进行比对，通过精度验证探索 CLUE-S 模型的适用性；②利用 CLUE-S 模型对土地利用变化格局作出解释；③根据先验经验对 CLUE-S 模型进行参数设置，同时耦合其他需求预测方法进行情景设置，模拟未来情景下的土地利用与土地覆被格局，为土地利用规划以及环境管理等进行服务。

（1）LUCC

CLUE-S 模型的直接作用是实现对 LUCC 的空间显性模拟。作为 CLUE-S 模型的开发者，Verburg 等（2002）将 CLUE-S 模型应用于菲律宾和马来西亚，结果表明 CLUE-S 模型能够再现土地利用变化过程。此后，CLUE-S 模型在多个区域不同尺度下的 LUCC 研究中均有应用。CLUE-S 模型应用研究区类型丰富，涉及我国经济快速增长区（谭永忠等，2006；盛晟等，2008；陆汝成等，2009；王健等，2010；韩会然等，2015）、矿业城市（黄霜，2015；张博等，2016）、大城市边缘区（蒙吉军等；2010）、内陆干旱区（张永民等，2004；戴声佩和张勃，2013）、岩溶山区（彭建等，2007；赵国梁和胡业翠，2014；郜红娟等，2016）、流域库区（黄明等，2012；冯仕超等，2013；王鑫等，2014；陆文涛等，2015）、村镇（周锐等，2012）及森林公园（李巍等，2009）等。总体来说，CLUE-S 模型对中小尺度的 LUCC 过程有着较好的适用性。

随着 CLUE-S 模型对土地利用过程格局的成功模拟，研究者开始将 CLUE-S 模型融合情景分析，模拟未来土地利用变化，为土地利用规划及政策制定等提供依据。情景分析是对一定时期发展状况的推测，体现了人类对土地利用的决策行为。CLUE-S 模型在情景分析的基础上，通过非空间模块对土地利用需求进行总量设定，对空间模块进行转化规则等参数设置，展现未来可能的土地利用格局，有助于确定该区域土地利用的“热点问题”，避免负面效应。邓华等（2016）设置了自然增长、粮食安全、移民建设和生态保护 4 个情景，分别模拟了 2020 年、2030 年三峡库区的土地利用情景，为政策调控提供了思路。张丁轩等（2013）以矿业城市——武安为例，模拟了武安在趋势发展情景、耕地保护情景、生态安全情景三种模式下的土地利用情景，为该区域土地资源的优化配置提供决策依据。总体来说，研究主要通过多情景分析，模拟各情景发展理念下的土地利用格局，同时通过情景比对与分析，为土地利用规划与土地资源优化配置提供参考。

（2）环境管理

CLUE-S 模型中能够融入多情景模拟分析，预测未来土地利用变化情况，从而为土地利用变化环境效应作出早期预警。研究主要通过 CLUE-S 模型与其他环境评价性模型相耦合，探究土地利用变化的环境效应。

目前，CLUE-S 模型被广泛应用于探索土地利用变化对流域水文响应、水域污染的影响。Githui 等（2009）利用 CLUE-S 模型与 SWAT 模型探索了 Nzoia 流域土地利用变化对河流径流量的影响。李莹和黄岁樑（2016）结合 CLUE-S 模型与 SWAT 模型模拟了滦河流域在现状延续、经济发展和生态保护三种情景下 2030 年的水文过程，并识别出关键产沙区，为产沙空间治理提供参考。潘影等（2011）利用 CLUE-S 模型模拟了密云在现状趋势发展情景和反规划情景下的土地利用变化，对以面源污染控制为目标的土地利用情景进行了分析，并评估了土地利用变化对区域景观的影响。

CLUE-S 模型运用于土地利用变化对生物多样性、景观格局、有机碳储量等生态系统与资源环境影响的研究中。Trisurat 等（2010）结合 CLUE-S 模型与 GLOBIO3 模型，预测了不同情景下泰国北部 2020 年土地利用变化对生物多样性的影响。刘菁华等（2017）模拟分析了 1990～2010 年京津冀城市群的景观格局，并预测了景观格局变化趋势，探索经济发展活跃地区的快速扩张模式对资源环境造成的压力。在碳储量方面，田多松等（2016）以上海崇明岛为例，探索了 LUCC 对土壤有机碳储量的影响。Jiang 等（2017）通过耦合 CLUE-S 模型与 InVest 模型探究了长沙–株洲–湘潭范围内城市扩张对碳储量的影响。在生态保护方面，Wu 等（2017）利用 CLUE-S 模型评估人类活动对河口和沿海湿地生态系统的影响。赵国梁和胡业翠（2014）基于 CLUE-S 模型计算了广西喀斯特地区生态服务价值变化量，为喀斯特地区生态保护形势提出预警。

（3）城市空间扩展

CLUE-S 模型也被应用于城市土地利用的研究中，主要关注 CLUE-S 模型对城市空间扩展的模拟能力，同时也侧重融入城市发展理念模拟城市空间格局。在城市空间扩展验证方面，段增强等（2004）以北京海淀区为研究对象，在 CLUE-S 模型中加入动态邻域分析因子，实现了对高分辨率和多土地利用类型下的城市扩展的有效模拟。盛晟等（2008）模拟了南京 1998～2006 年土地利用时空动态，模拟准确率达到 80% 以上，表明 CLUE-S 模型对城市发展的空间结构有较强的预测能力。在城市空间格局情景预测方面，张津等（2014）基于 CLUE-S 模型模拟了深圳 2020 年城市扩展格局，结合城市扩展综合效益评价体系对城市未来扩展格局进行了预测和分析。Zhou 等（2016）利用 CLUE-S 模型模拟了常熟辛庄镇 2027 年的土地利用格局，并在此基础上划定了城市开发边界。

3.3 CLUE-S 模型研究进展

3.3.1 模型改进研究

CLUE-S 模型通常采用 Logistic 回归模型建立土地利用类型空间分布与驱动因子的统计经验关系，Logistic 回归模型基于最小平方和估计，并且假定数据在统计上是相互独立且均匀分布的（Besag，1972）。然而，由地理学第一定律可知，地理事物或属性在空间分布上互为相关，即空间数据往往存在空间自相关，使用传统 Logistic 回归模型时可能忽略土地利用数据中的空间自相关问题。空间自相关效应违反了模型假设，导致对外部驱动因素贡献的高估，造成模拟结果缺乏可靠性（Hu and Lo，2007）。因此，在使用 Logistic 回归模型时，需要考虑土地利用数据中的空间自相关问题。

面对空间自相关问题，可以采用 Auto Logistic 回归模型来纠正空间自相关的影响，这种方法增加了预测的准确性和模型的多样性（Betts et al.，2006；Dendoncker et al.，2007）。Auto Logistic 模型由 Besag 于 1972 年提出，该模型在传统 Logistic 回归模型的基础上以空间权重的形式引入空间自相关变量，从而消除空间自相关效应对统计分析的影响。

在 CLUE-S 模型的研究中，已有研究针对传统 Logistic 回归模型进行一定的改进。段增强等（2004）指出，土地利用变化受到土地利用类型在空间上连续性和扩散性的影响，在研究中需要纳入空间自相关的影响，并通过加入邻域分析因子模拟土地利用类型之间的邻域交互作用，结果表明邻域因子对城镇用地变化具有重要影响。吴桂平等（2008，2010）引入 Auto Logistic 回归模型考虑土地利用类型的空间自相关性，通过比较 Auto Logistic 回归模型与传统 Logistic 回归模型的拟合优度，结果发现纳入空间自相关性后的 Auto Logistic 回归模型在模拟区域土地利用变化时具有合理。Lin 等（2011）比较了 Logistic 回归模型、Auto Logistic 回归模型和神经网络模型在土地利用变化模拟中的预测能力，结果表明 Auto Logistic 回归模型与神经网络模型解释力较强，且优于 Logistic 回归模型。邓华等（2016）以邻域丰度为空间自相关因子，反映土地利用类型转化的邻域关系，结果表明该方法对库区土地利用驱动力的解释能力较强。

3.3.2 模型耦合研究

CLUE-S 模型具有良好的开放性（吴健生等，2012）。已有模型耦合研究主要体现在两方面：一是在土地利用需求模块通过其他模型以弥补单一 CLUE-S 模型在模拟人类决策因素的不足；二是耦合环境评估模型测算土地利用变化效应。

土地利用变化受自然驱动因素及人类驱动因素的影响。自然驱动因素通常包括地形地貌、气候、土壤、水文等；人类驱动因素通常包括人口增长、经济发展、可达性、技术水平及政策制度等。自然驱动因素与人类驱动因素对土地利用变化的影响方式存在一定的不同。土地利用的自然驱动因素在短时间尺度变化较小，人类驱动因素可能由于规划、政策等人类决策因素在短时间内发生显著变化。由于自然驱动因素的易获取性，早期的土地利用变化模拟研究主要关注自然驱动因素（Veldkamp and Lambin，2001）。实际研究中，通常缺少空间显性的社会经济数据。此外，自然驱动因素的空间单元和土地利用变化空间单元的决策主体存在不同，在融合社会与自然数据的方法方面也存在困难。

CLUE-S 模型研究时，通常对自然驱动因素考虑较为充分，仍缺乏社会经济因素的表现，难以捕捉人类决策因素对土地利用变化的影响。然而，考虑到人类活动对土地利用变化的影响，研究中应融入社会经济等人类驱动因素（Zhang et al.，2016）。CLUE-S 模型非空间模块土地利用需求分析具有多种计算方式，早期研究主要使用马尔可夫模型、趋势外推法、GM（1，1）模型等方法。然而，这些方法主要通过对过去的土地利用方式进行函数推演，缺乏土地利用变化实际过程的分析，尤其是人类决策因素的考虑。

为了弥补土地利用需求预测时人类驱动因素的不足，已有研究通过 CLUE-S 模型与 ABM、SD 模型等结合，加深土地利用系统与人类活动的交互作用。Castella 和 Verburg（2007）将揭示决策过程的 ABM 与 CLUE-S 模型进行结合，探讨土地利用变化格局，并指出这种新模式可以更好地呈现出不同层级土地利用者的决策因素。Luo 等（2010）综合 CLUE-S 模型与 SD 模型，探讨三江流域在不同尺度下的土地利用变化，使用 SD 模型测算宏观经济、人口、技术发展和经济政策变化对土地利用需求的影响，并通过 CLUE-S 模型实现空间显性表达，结果表明该方法能够在一定程度上反映土地利用系统的复杂行为，有助于分析土地利用复杂驱动因素。

土地利用变化的环境效应可以通过土地利用变化分析以及耦合自然资源影响评估模型来确定。作为区域一级的土地利用变化模型，CLUE-S 模拟研究通常采用较高分辨率的土地利用数据模拟土地利用变化过程。在此基础上，CLUE-S 模型与其他模型方法的耦合有助于实现对生态保护、环境管理等目标管理决策。目前的研究中，主要利用 CLUE-S 模型与生态系统服务和交易综合评估 InVest 模型（Han and Dong，2017），以及水文模型 SWAT（Zhang et al.，2015，2016）等评估模型进行耦合，探究土地利用变化对资源环境的影响。

3.3.3 模型尺度研究

土地利用是多种过程在不同尺度上作用的结果，不同尺度上的土地利用主导过程存在不同（Verburg et al.，2004）。与土地利用变化过程相关的外生变量通常被称为土地利用变化驱动力。土地利用变化驱动力分析具有尺度依赖性，土地利用变化模型应在系统多种空间和时间尺度上进行分析（Turner et al.，1995）。非线性和集体行为等带来了尺度依赖性，小尺度过程的简单聚合不能直接代表大尺度过程。例如，社会经济驱动力的尺度模拟是十分困难的，人类不仅通过个人决策作用于土地利用，同时也以社会系统成员的形式对土地利用产生影响。因此，进行 LUCC 模拟时要特别注意模拟尺度的问题，分析尺度与实际过程的不一致会对土地利用模拟产生影响。

CLUE-S 模型模拟采用同一分辨率的土地利用与驱动因子栅格数据。栅格数据中的每一个网格是均质的，分析尺度主要取决于数据质量和测量工具。此外，多数研究基于某一特定尺度进行分析，尺度的选择通常根据研究者的主观判断，缺少对实际作用过程的分析。

为了避免单一尺度研究的缺陷，已有研究主要通过不同分辨率下最佳模拟精度的方式进行探究。黄明等（2012）利用 SPOT 遥感影像数据，探索了 CLUE-S 模型罗玉沟小流域在 25m×25m、50m×50m、75m×75m、100m×100m、125m×125m 5 个空间尺度下的最佳模拟尺度，结果表明模拟的最佳尺度为 50m×50m。张永民等（2003）以 500m×500m 为基本研究单元，模拟奈曼旗土地利用变化格局，通过多尺度检验发现，随着分辨率的降低，模拟结果的正确率逐渐上升。刘淼等（2012）认为，根据熵值理论，栅格单元越小包含了越多的熵，能够提供越多的信息，但也增加了预测的不确定性，降低了模拟结果的准确率。

3.3.4 模型参数研究

CLUE-S 模型模拟并不是简单的线性外推，土地利用类型的关联性、稳定性及土地利用类型之间的竞争均体现了模型的非线性。在 CLUE-S 模型的参数中，转换弹性的规则决定了土地利用类型的稳定性。Verburg 等（2002）指出 CLUE-S 模型对转换弹性的设置非常敏感，对模拟结果有着重要的影响，同时也指出转换弹性的设定主要有两种方法：一是基于专家知识；二是利用多个时间段土地利用数据集进行模型校准。现有研究对该参数的设定以个人经验为主，如在近期土地利用转换概率分析的基础上进行设置（文雅等，2017）。此外，也有研究者对参数设定值进行了专门验证。吴振发（2010）以中国台湾南投县埔里镇为研究对象，对 460 组转换弹性参数下的模拟结果进行了精度验证，筛选出最佳参数设置。

3.4 CLUE-S 模型发展趋势

3.4.1 CLUE-S 模型中存在的问题

（1）模型的时空尺度问题

土地利用变化是自然环境与社会经济等驱动因素在时间和空间上的交互作用的结果，具有多尺度（Veldkamp and Fresco，1996）。尺度是指空间的、时间的、定量的或用来测量和研究物体过程的分析维度（Gibson et al.，2002）。同时，土地利用系统具有层级性，层级性主要是指从社会角度考虑的组织水平，如家庭水平、乡村水平和政府水平等（Overmars and Verburg，2006）。许多研究强调了尺度与层级性的重要性（Nelson，2002；Rindfuss et al.，2004）。分析范围和分析单元的选择在很大程度上决定了土地利用变化与驱动因素的相关性，忽略土地利用的尺度问题和土地利用系统的层级性可能会导致错误的结论。

目前 CLUE-S 模型的研究缺乏对多尺度土地利用变化过程的探究。一些研究尝试采用多种分辨率数据进行模拟比较，但并未考虑土地利用系统的层级性，社会经济数据等的统计单元实际上并未改变。此外，最佳空间尺度在此基础上根据统计检验值和模拟精度进行选择，缺少实际过程的判断。

（2）反馈机制问题

CLUE-S 模型模拟的基础是建立土地利用空间分布与驱动因子的经验统计关系。这种经验模型假设驱动因子与土地利用之间为单向作用过程（Verburg，2006），并未考虑土地利用变化的反馈作用。反馈机制是土地利用系统的重要特征，土地利用变化本身可能会作为反馈因子影响未来的土地利用格局。这种反馈机制可以通过自然驱动因素和社会驱动因素进行。以社会驱动因素为例，农业土地集约利用可以带来更高的收入，收入的提高会激发更多的投资，进而加强未来土地集约化或是带来农业用地的扩张。

（3）人类决策因素问题

CLUE-S 模型模拟的一个不足是缺少土地利用变化过程中人类决策因素的体现。土地利用模型中的一大困难是将决策主体与土地单元相联系。CLUE-S 模型的模拟单元（栅格）与决策单位（地块）通常并不一致。CLUE-S 模型模拟的基本单位为栅格，实际针对土地的决策主要针对某一地块。一个栅格单元可能包括多个地块，一个地块也可能包括若干个栅格单元。此外，根据土地利用变化尺度的不同，决策主体也存在差异。因此在使用 CLUE-S 模型模拟时，由于数据的限制，对土地利用的人类决策因素分析考虑不足。

3.4.2 CLUE-S 模型的发展趋势

（1）开发 CLUE-S 模型集成系统

CLUE-S 模型中的各个模块联系较为松散，实现完整的模拟过程较为复杂。CLUE-S 模型的模拟需要空间模块与非空间模块两个部分的支持。其中，空间模块完成土地利用格局的空间分配，由 CLUE-S 主程序实现。非空间模块包括土地利用类型与驱动因子的统计关系以及土地利用需求分析两个部分。前者需要在 GIS 平台上进行基础数据处理，转换成统一分辨率的栅格数据后，导入统计软件中进行处理；后者需要通过其他模型方法的计算实现。因此，构建一个包含空间模块和非空间模块的集成系统将有助于提高模拟效率，丰富模型研究内容。

（2）探索 CLUE-S 模型与其他模型的耦合研究

在非空间模块中，通过耦合包括 ABM 在内的模型可以在一定程度上弥补 CLUE-S 模型中人类决策因素考虑的欠缺。此外，CLUE-S 模型对中小土地利用变化模拟具有较好的适用性，其与环境影响评价模型耦合在环境管理、政策效应等方面具有很大的价值。可进一步探索 CLUE-S 模型与多种环境影响评价模型、经济社会发展等模型的耦合，为区域土地利用发展提供参考。

（3）开展多尺度的 CLUE-S 模拟研究

土地利用变化与驱动因子之间通常具有空间尺度依赖性以及时间尺度上的非线性。不同分析尺度上的土地利用主导过程存在差异，不合理的尺度选择可能会建立虚假的经验统计模型。此外，土地利用数据单元与各类社会经济数据的匹配问题也需要进一步探索。

在时间尺度上，CLUE-S 模型的驱动因子主要为稳定性因子，对短时间内变化较大的因子敏感性较弱。土地利用变化将会以土地利用变化与驱动因子经验统计关系为基准，因此驱动力模型的建立十分重要。一旦驱动因子随时间发生改变，可能会带来模拟误差，未来研究应加强对驱动因子时间稳定性的探索。此外，土地利用系统是非线性的、具有反馈机制的，如何将其纳入模拟中，将是 CLUE-S 模型今后研究的重要方向。

第4章　土地需求预测方法

4.1　土地需求分析的实施背景

我国是一个土地资源极为稀缺的国家，土地资源稀缺与土地需求增长的矛盾相当尖锐。我国虽然幅员辽阔，但受地形地貌、气候、水资源、土壤类型等自然生态条件的限制，适宜人类居住的地区仅占陆地面积的22%，土地资源总量尚可，但人均土地资源极为匮乏。

我国总体上处于工业化发展的中期阶段。1978～2010年，我国第二、第三产业从业人员的比例从30%增长至62%；第二、第三产业产值占国内生产总值（gross domestic product，GDP）的比例从72%增长至90%；第三产业就业比例已超过第二产业，且第三产业产值比例也与第二产业基本持平。伴随工业化发展进程，我国城镇化发展进程也呈现出快速发展的势头。改革开放以来，城镇人口比例从1978年的不足18%，以每年平均约1个百分点的速度提高到2010年的49.68%。

我国作为世界人口大国，各类人口相关问题尤为突出。1983年计划生育政策的实施，在一定程度上减缓了我国人口的增加速度。随着“三孩生育政策”的实施，我国的人口增长率或迎来新高，在可预见的未来，我国人口还将保持小幅度增长。

城镇化带来城市用地规模快速扩张，城市土地需求快速增长，尤其是2000年以来，城市用地规模快速扩张的势头更加明显，且这种快速发展的势头，有很大可能在未来二三十年保持（林坚，2007）。城市土地需求的增长加剧了我国土地资源的供需矛盾，而人口的持续增长进一步激化了这种矛盾。

以耕地为例，我国人均耕地面积仅为世界平均水平的1/5，且耕地仍在不断减少中，人地矛盾十分突出。除耕地外，其他土地类型也或多或少存在这种矛盾。土地资源的供需矛盾很可能成为制约我国经济社会可持续发展的瓶颈。

4.1.1　土地资源的时空分配是影响我国经济社会发展的决定性因素

作为一种稀缺资源，土地资源在空间和时间上的分配成为影响我国社会经济健康发展与否的决定性因素。

改革开放以来，我国经济有了长足的发展，在国民经济组成中，第二、第三产业产值占国内生产总值的比例从1978年的72%增长至2010年的90%；第三产业就业比例已超过第二产业，且第三产业产值比例也与第二产业基本持平。与此同时，我国的城镇化率从

1978 年的 17.92% 增长至 2010 年的 47.50%。城市为我国经济社会发展提供了大部分生产资料，是我国现阶段经济社会发展的核心，也是我国实现中长期发展目标的驱动器。

城市土地是城市社会和经济发展的基础。城市土地数量、质量的差异及其在不同产业部门间的配置，会给城市发展带来不同的效果。当前我国正处于产业结构调整阶段，产业结构不合理已成为制约我国经济发展的重要因素，各级政府都把经济结构战略性调整作为加快转变经济发展方式的主攻方向。在这种背景下，只有科学合理地供应城市土地，才能为新产业的发展提供相应的土地作为支撑，才能引导城市空间合理增长、优化城市空间结构，才能在满足经济社会发展用地需求的同时，尽可能地推行土地资源的集约节约利用和耕地资源保护。而掌握城市各类用地需求的特点、规模、结构和变化趋势是科学确定城市用地规模的基础，故城市土地科学供应的核心在于精准地了解城市土地需求，并对城市发展所需的用地进行科学合理的预测。

唯有科学合理的土地需求预测，才能保证作为经济社会发展核心的城市健康成长，从而保障我国经济社会的健康发展。

4.1.2 我国土地资源利用现状十分特殊

我国土地资源利用现状与世界其他国家或地区相对比，具有一定的特殊性，而这种特殊性又在城镇土地利用中表现得最为明显。

城市用地包括居住用地、产业用地、基础设施用地和公共服务用地。鲁春阳等（2011）对我国内地 261 个地级以上城市用地结构的统计结果表明，超大城市、特大城市、大城市、中等城市和小城市的工业用地占城市用地的比例平均值分别为 21.79%、25.06%、22.75%、18.94% 和 14.12%。这表明我国内地城市的工业用地占城市用地的比例远远高于美国城市（1980 年 50 个城市的工业用地的比例平均值为 7.3%）和我国香港（1991 年工业用地的比例为 5.96%）（董黎明等，1995）。

我国总体上处于城镇化和工业化中期加速发展阶段。在我国 655 个建制城市中，266 个城市的城镇化水平低于 30%，处于城镇化发展的初级阶段；155 个城市的城镇化水平位于 30% ~70%，处于城镇化发展的中期阶段；274 个城市的城镇化水平高于 70%，处于城镇化的后期发展阶段（薛俊菲等，2010）。我国各城市之间城镇化水平差距显著，远远高于其他国家一般水平。

4.1.3 现阶段土地需求分析工作存在诸多不足

现阶段关于土地需求的分析主要集中在城市居住用地需求方面。这是由于居住用地的市场发育程度高，交易频繁且交易案例多，数据获取相对容易，基础设施和公共服务用地需求相对简单，国家相关部门的规范也比较完善。而关于其他用地需求的分析，由于分析区发展阶段、水平和产业结构的千差万别，用地类型和规模数据也相对难以获得，分析较少。

实践中采用的土地需求分析方法过于粗糙。以城市用地需求为例，以往的城市规划对城市用地需求的预测往往采用总人口乘以人均用地标准的方法确定城市用地需求。该方法虽简便易行，但过于简单，忽略了城市产业结构和不同产业类型对土地需求的差异，难以准确地确定城市土地需求，进而导致城市政府在供应用地时，缺乏对城市用地需求的科学判断依据，或者出现过量供地，导致土地利用粗放、土地资源浪费；或者出现供地不足，严重阻碍城市发展。另外，该方法对各类产业和各产业内部职业类型不加区分，采取同一个标准，因此无法通过对产业结构调整，来分析土地需求变化，并据此来优化城市土地供给和城市空间结构。

综上所述，我国土地资源供需矛盾日益突出、土地资源的时空分配是影响我国经济社会发展的决定性因素，以及我国土地资源利用现状十分特殊，故不能照搬适用于其他国家的土地需求分析方法，必须在实践中探索出一套适用于我国国情的分析方法。

4.2 土地需求分析的研究现状

4.2.1 关于土地的派生需求理论

土地为人类的生存和发展提供了粮食生产、产品生产和建造住房的场所。土地需求是指人类为了生存和发展，利用土地进行各种生产和消费活动的需求。众多关于土地利用的学术论文和理论著作认为土地需求是一种引致需求，也称为派生需求。人们由于对其他产品的需求，产生了对土地的需求（Chapin et al.，1979；野口悠纪雄，1997；周诚，2003；丁成日，2007；毕宝德等，2010），人类需要的并非土地本身，而是需要承载生产和生活活动的空间。农业用地和林业用地有用是因为它们提供了人类所需要的物质产品与生态产品，而城市用地和娱乐用地有用是因为它们提供了空间。

引致需求理论将分配理论和生产要素的供给条件相联系。城市经济学家通过建立严谨的模型来研究土地引致需求。例如，Hicks（1932）在房地产市场推广了马歇尔关于引致需求的四原则，指出土地作为一种生产要素，其需求弹性由下列要素决定：对住房价格的需求弹性、土地和其他非土地投入要素的替代弹性、非土地要素的供给弹性和土地的相对要素比例（Sirmans and Redman，1979）。

4.2.2 关于土地需求的影响因素研究

土地需求作为一种引致需求，受多种因素共同影响。Chapin 等（1979）从城市土地利用研究的角度分析，认为人口规模、居民和家庭的消费行为特点、企业的生产和服务活动特征以及相关制度的设计安排是影响城市土地需求的主要因素。Pun（1989）从具体的规划实践的角度分析，认为影响城市土地需求的主要因素有人口规模、开发密度、土地利用混合度、违法用地情况、规划许可、产业结构、对未来住宅开发的判断以及土地自身等因素。许多学者还收集了经济和人口等多方面的数据（Coughlin et al.，1977；Thamodaran et al.，1981；Alig，1986），构建模型，运用定量的方法，研究城市土地增长的影响因素和原因，并给予解释。因此，影响土地需求的因素是非常复杂的，同时也增加了土地需求预测的难度。

4.2.3 关于城市用地规模的城市经济学理论

Brueckner（1987）的经典文章以西方城市经济学理论中被广泛接受的单中心城市空间结构模型为基础，通过分析区位、交通成本和居民收入等外生变量对消费者对建筑消费量和建筑面积价格等内生变量的影响，以及建筑面积价格、资本价格、资本和土地之间的替代弹性等外生变量对建筑密度和土地价格等内生变量的影响，并将一定人口规模容纳于整个城市，然后产生封闭模型的城市空间，确定整个城市在空间均衡情况下的城市用地规模（Alonso，1964；Brueckner，1987）。该模型指出，城市用地规模是由城市人口规模、交通成本、居民收入、农业地租、资本和土地之间的替代弹性、资本价格等众多因素共同决定的。

4.2.4 关于城市产业用地需求的研究

一般认为产业用地需求是就业人数的函数，如梁鹤年和谢俊奇（2003）认为制造业用地需求是其工人数量规模的函数。技术进步也对产业用地需求产生了重要影响（O'Sullivan，2002）。工业革命以来的交通运输业、制造业和建筑业技术的进步对城市产业用地需求产生了很大的影响。交通运输业技术的进步使制造业、人口和零售业向郊区迁移，增加了郊区对土地的需求。制造业技术的发展（流水线生产和材料处理设备，如叉式汽车）使制造业从传统的多层大楼转移到单层车间，增加了工业对土地的消费。而由于钢铁框架相对较轻，钢铁建筑可以比传统的砖构建筑物建得高。电梯的使用降低了高层建筑内部交通成本，提高了建摩天大楼的可行性。摩天大楼通过增加资本投入，节约了地价高昂的城市中心区的土地，增大了土地利用密度，增加了城市生产容量和可容纳的人口，减少了办公和商业服务业的用地需求。此外，由于土地和资本之间存在相互替代，不同产业由于生产技术和土地资本替代弹性不同，对土地的需求会存在差异。

4.3 土地需求分析的方法和模型

城市土地利用涉及居住人口、就业岗位、商店、事务所、工厂及娱乐场地等的空间分布及其开发强度，是一个高度复杂的系统。城市规划师和政策制定者往往很难利用简单的工具和办法来预测未来土地需求及其对城市政策的影响，因此不得不寻求复杂的数学模型以分析和预测城市土地需求。常用的城市土地需求预测的模型和方法主要有四种类型：趋势外推法、相关因素法、综合性系统模型法与产业和职业结构分析法。

4.3.1 趋势外推法

趋势外推法是进行土地需求分析和预测的最基本方法之一。在编制城市规划和土地利用规划过程中，趋势外推法被广泛地应用于土地需求的预测（厉伟，2004；任雨来，2006；刘柯，2007），趋势外推法的主要思路是根据过去土地利用的情况进行外推。这种方法的特点是简单，但缺乏理论依据，预测精度不够。

4.3.2 相关因素法

相关因素法是进行土地需求分析和预测的另一种常用方法。相关因素法的基本思路是根据相关的理论，分析各种经济社会因素对土地需求的影响，建立土地需求和影响因素之间的相关联系，并通过历史数据进行回归统计分析和参数估计，进而预测未来土地需求（陈国建等，2002；孙秀锋等，2005）。例如，Braimoh 和 Onishi（2007）认为尼日利亚拉各斯的产业用地（工业和商业用地）增长主要受人口规模、交通基础设施建设和收入水平等因素的影响，并构建回归模型对土地需求和变化进行预测。

国内目前广泛采用的人均用地预测方法也可以看作是一种特殊的相关因素法，即假设土地需求只与人口规模有关，并且认为土地需求与人口规模之间的关系是固定的。在实际预测过程中，先确定人均用地水平，然后通过对人口规模的预测来推算土地需求的规模。相关因素法在国内外都得到广泛应用，不同的预测其差别主要在于选择因素不同。相关因素法与趋势外推法相比，具有一定的理论依据和预测力，但由于影响土地需求的因素复杂，该方法的应用和预测力受到一定的限制。

4.3.3 综合性系统模型法

综合性系统模型法又称整合模型法，在土地需求分析和预测中广泛应用。综合性系统模型法将经济、人口、用地和交通进行整合，纳入众多影响要素，在土地需求与相关要素之间建立明确的关系。主要模型有 POLIS、CUFM、ITLUP、LILT、MEPLAN、IRPUD、RURBAN、LEUTH、ILUTE、UrbanSim 和 Metroscope 等（Prastacos，1986；Miyamoto and Kitazume，1989；Putman，1991；Mackett，1991a，1991b；Simmonds，1991；Hunt and Simmonds，1993；Landis，1994；Waddell et al.，2003；丁成日，2005；Salvini and Miller，2005；Clarke et al.，2008）。

以在美国俄勒冈州波特兰应用的 Metroscope 模型为例，模型内部由经济发展模块、土地需求模块、交通模块等构成，模块之间通过变量交互建立联系和反馈。这类模型在美国、欧洲、韩国、巴西等都有很多很好的尝试，国内一些研究机构也开始进行相关的研究。这类模型的特点是非常复杂且需要长期开发和不断改进，并对数据有着较高要求，成本也较高，如 Metroscope 模型从开发至今已有 30 多年。另外，这类模型具有非常强的地方性，模型中的参数主要根据地方情况和数据进行估计，一旦应用地点发生变化，往往需要重新构建模型和进行参数估计，模型的推广和应用受到限制。这类模型虽然在理论上和结构上具有优势，但是由于这类模型存在开发时间较长、所需投入成本较高、数据量要求较大、地域限制强等特点，较难推广，短期内无法满足我国当前对土地需求预测工具和方法的迫切需要。

4.3.4 产业和职业结构分析法

基于产业和职业结构分析的土地需求预测是一种新兴方法。这方面的研究在国内较少，仅有少数学者在国内进行了相关的介绍。产业和职业结构分析法是通过细分产业类型与就业人员的职业类型，对产业类型与就业人员的职业类型进行特征分析，把产业类型、职业类型、建筑类型、用地类型联系起来。该方法与土地需求的理论分析有共同的理论基础。不同产业从事的生产活动、生产方程不同，对建筑层数、土地面积需求不同，加之不同产业的职业类型、职业结构不同，因此这些不同职业实际上对应不同类型的建筑和用地类型，土地需求预测也需要考虑产业发展、产业结构和职业结构的差异。

产业和职业结构分析法正是基于上述分析，把城市用地需求和产业结构、职业结构、建筑类型和土地利用类型相联系，从而能够更为精确地分析和预测城市产业用地需求。

综上所述，各类方法在实践中各有利弊：趋势外推法简单易行，但过于粗糙；相关因素法具有一定的理论依据和预测力，但由于影响土地需求的因素复杂，方法的应用和预测力都受到一定的限制；综合性系统模型法纳入大量因素进行分析，其复杂性过高，整个模型就好像一个“黑盒子”，因此非模型开发人员难以解释模型是如何运行的，模型也就不易被决策者理解和接受，此外由于模型的复杂性和开发周期的长期性，该模型并非短时间内可以建立，考虑到我国国情和土地需求研究的紧迫性，应作为长期研究目标；产业和职业结构分析法对产业类型与职业类型结构进行细分的思路符合土地需求的相关理论，与趋势外推法和相关因素法相比，该方法能够更准确地预测土地需求，与综合性系统模型法相比，该方法更容易构建并且工作量适中，所以该方法较为适合中国国情，有助于提高现有土地需求分析水平。

第 5 章　城市开发边界的内涵与划定

5.1　城市开发边界基本认识

5.1.1　城市开发边界的起源与发展

为实现我国城市转型发展，促进土地集约利用，有效缓解耕地与生态保护用地压力，2013 年末，中央城镇化工作会议提出根据区域自然条件，科学设置开发强度，尽快把每个城市特别是特大城市开发边界划定，由此引发了国内关于城市开发边界改革的创新论题。

城市开发边界最早可追溯到霍华德的“田园城市理论”，即在中心城区外围设立永久性绿带以限制城市的发展，提出通过限制人口规模来限制建设用地规模，保障城市开发边界的稳定性，确保城市开发边界外的田园不被侵犯。20 世纪，英国绿带政策也体现了这种“绿带思想”，亦可看作城市开发边界的雏形（倪文岩和刘智勇，2006；黄明华和田晓晴，2008）。20 世纪中期，为应对城市蔓延现象带来的社会、经济和环境问题，美国出现了精明增长、新城市主义等思潮，对城市增长管理和土地利用管制政策进行了摸索与实践，在此背景下，美国塞勒姆首次提出城市增长边界，是指划定城市与农村地区之间的界线，用于限制城市地区的增长（刘海龙等，2005；吴冬青等，2007；冯科等，2008）。

5.1.2　城市开发边界的内涵

经过 100 余年的实践，城市开发边界的内涵日益丰富。目前，国际上与之相关的城市开发边界可以分为以下四类：城市形态控制线、城市发展弹性边界、城乡地域分界及城市建设底线。

（1）城市形态控制线

划定城市形态控制线，即划定城市建设空间集中开发区域的边界，英国伦敦绿带、我国城市总体规划建设用地边界、我国土地利用总体规划中的规模边界等均属此类边界。1944 年，《大伦敦规划》将距市中心半径约 48km 范围内的区域，由内到外划分成内圈、近郊圈、绿带圈和外圈四层地域圈。其中，绿带圈作为伦敦的农业和游憩地区，通过实行严格的开发控制保持绿带的完整性和开敞性，阻止城市过度蔓延（杨小鹏，2010）。经过几十年的发展，绿带政策已成为英国一项用以控制城市形态的基本国策。

（2）城市发展弹性边界

划定城市发展弹性边界，即划定城市未来一定年限潜在发展空间边界，如美国波特兰城市增长边界、我国土地利用总体规划中的扩展边界等均属此类边界。波特兰是美国成功使用城市增长边界的典型。1973 年，俄勒冈州参议院通过两项界定增长管理的政策法案，城市增长边界以法定形式确定下来并沿用至今（英格拉姆等，2011）。基于对建设用地的增长预测，城市增长边界圈定了未来 20 年内的城市空间，通过限制边界范围外的土地开发，保护城市周边农村地区和开敞空间，控制城市蔓延。

（3）城乡地域分界

划定城乡地域分界，即划定城市区域与乡村区域的边界，中国台湾都市计划区边界、美国早期的城市增长边界、日本城镇化地区边界等均属此类边界。中国台湾地区城乡计划将土地分为都市区和非都市区，分别编制都市计划和非都市土地使用管制（辛晚教和廖淑容，2001）。其中，都市土地可划分为住宅区、商业区、工业区、行政区、文教区、风景区、保护区、农业区、其他使用区九种土地使用区；非都市土地可划分为特定农业区、一般农业区、工业区、乡村区、森林区、山坡地保育区、风景区、国家公园区、河川区、其他使用区或特定专用区十种土地使用区。可见，都市计划区边界可视为城乡地域分界。

（4）城市建设底线

划定城市建设底线，即划定城市建设开发活动的绝对禁建区域，深圳市基本生态控制线、北京市限建区规划的禁建区均属此类边界。2005 年，深圳市将一级水源地、风景名胜区、自然保护区、基本农田、森林、主要河流、湿地、生态廊道和绿地等划入基本生态控制线范围内，要求严格控制线内的开发建设项目，除特别规定情形外，原则上不得安排任何新建建设项目（《深圳市基本生态控制线管理规定》）。深圳市基本生态控制线划定了市域范围内绝对禁止建设的空间，保证城市的基本生态环境需求。

5.1.3 中国特色的城市开发边界本质

尽管国内外城市开发边界的名称与内涵不尽相同，但其本质均是用以控制城市蔓延的技术手段和政策工具，通过在城市周围形成独立、连续的界限，控制城市空间无序增长，引导城市的开发与再开发行为，保护自然资源（黄明华等，2012）。在 2013 年中央城镇化工作会议上，提出划定城市开发边界的重要目的之一是促进城市规划要由扩张性规划逐步转向限定城市边界、优化空间结构的规划。

与欧美国家相比，我国城市开发边界划定需求迫切、预期效果显著。首先，从资源本底来看，我国人口众多，平原地区有限，绝大部分人口和经济活动都集中在胡焕庸线东南侧，土地资源形势严峻，人地矛盾突出，城市开发边界划定需求更为强烈。其次，从城市蔓延动力机制来看，美国城市的扩张主要是由于人口的不断增长、收入的持续上涨、私人小汽车的普及带来的通勤成本的下降，以及因新开发用地成本过低导致的市场失灵（Brueckner，2000），是市场需求主导型扩张；而我国城市空间增长的主要动力则是“GDP 崇拜”的评价标准使各级政府追求经济总量增长最大化，尽量加快产业资本集聚和城镇化进程，不断扩大土地供给，是政府供给主导型扩张（马强和徐循初，2004）。城市开发边界划定并不涉及干扰市场作用，反而有助于平衡市场供需。最后，从发展阶段来看，我国正处于城镇化快速发展的时期，很多城市仍处于发育期，城市开发边界可以发挥预防性作用，引导存量土地的集约利用，从源头上防止城市扩张。

结合中国国情，中国特色的城市开发边界可以理解为城市（中心城区）、镇总体规划控制范围内各类城乡居民点建设用地开发边界。它具有两方面的属性，既要保证生态安全和自然环境的良好，控制城市的发展规模，也要满足一定时期内城市建设的发展要求，为城市发展预留出“拟发展区”。

在我国现有空间规划体系中，业已存在类似城市开发边界管理制度，如土地利用规划的“三界四区”、城乡规划的“三区四线”等。相比较而言，土地利用规划中扩展边界的概念与城市开发边界最为契合。扩展边界是指为适应城乡建设发展的不确定性，在城乡建设用地规模边界之外划定城、镇、村、工矿建设规划期内可选择布局的范围边界，是允许建设区和有条件建设区合集的边界。城市扩展边界与城市规模边界相配合，控制城市一定时期内的建设总量和形态，防止城市无序蔓延；同时城市扩展边界考虑到了建设发展的不确定性，预留出可供替换的有条件建设区以满足城市土地利用需求，符合城市开发边界的双重属性，奠定了中国特色的城市开发边界基础。

5.2 划定城市开发边界的基本原则

由于我国城镇化发展阶段、土地所有制基础、城市管理行政基础、市场化程度以及城市空间蔓延的动力都与西方国家存在差异，城市开发边界划定工作决不能照搬国外模式，必须探索适应中国国情和发展阶段的方式方法，在此过程中，应坚持以下几点原则。

5.2.1 简单易行，衔接“两规”

我国政府在城市规划和土地管理过程中，探索了许多空间管制的手段，城市开发边界划定必须与现有空间管制体系相融合。在内因方面，城市开发边界不能脱离“两规”自成体系，否则就淡化了城市开发边界操作简单、便于政府使用的基本特点。复杂的划定、审批和管理办法可能削弱了地方对城市开发边界的实施激励，也就违背了划定城市开发边界的初衷。在外因方面，“两规合一”乃至“多规合一”是建立我国国土空间规划体系的前提条件，是新型城镇化推进的必然要求。从功能角度来看，城市开发边界的合一是“两规”其他管制内容合一的先导条件；从操作角度来看，城市开发边界表达方式简单、易于理解的特点也为“两规”管制内容合一提供了捷径。因此，城市开发边界划定必须依托并衔接现有“两规”相关控制线，力求简单易行。

具体而言，“两规”应共同确定规划控制范围，即城市（镇）中心城区总体规划控制范围的边界，规划控制边界可以和规划区边界重合，边界应以不打破镇（村）行政边界为原则。在“两规”规划控制范围之内，城乡规划体系中的城市（镇）中心城区规划边界应与土地利用总体规划中的规模边界重合，用以约束城市（镇）中心城区在规划实施期间内可以从事开发建设活动的土地范围和规模。城乡规划体系中的城市（镇）中心城区远景规划边界与土地利用总体规划中的扩展边界重合，用以界定城市（镇）中心城区在长期（规划期末后十年）可能会用于从事开发建设活动的土地范围。这条远景规划线（或扩展边界）即可理解为城市开发边界（图 5-1）。边界内土地在确有需要情况下可以通过合法程序与规划范围边界内土地进行土地发展权的置换。

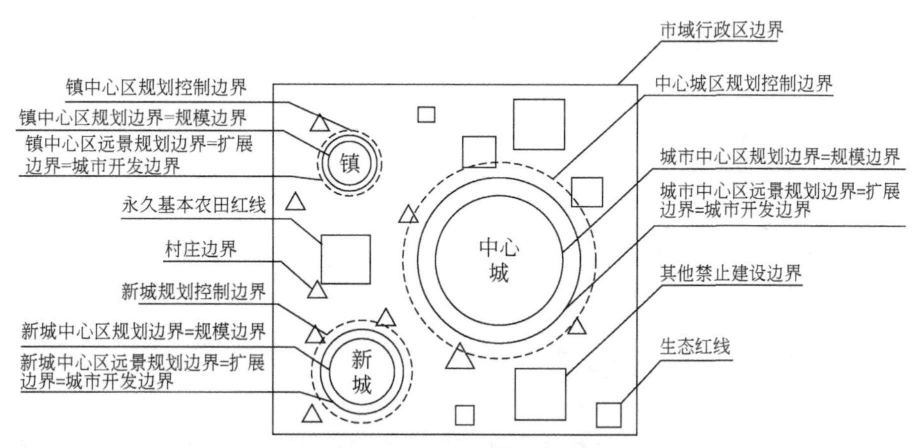

图 5-1　城市开发边界与现有边界控制线关系

需要说明的是，城市（镇）中心城区规划边界和城市（镇）中心城区远景规划边界，既可以完全包含现状城市（镇）建成区（图 5-2），也可以和建成区有所重叠（图 5-3），但城市（镇）中心城区规划边界范围外的建成区不宜再进行改建扩建等新的开发建设活动。

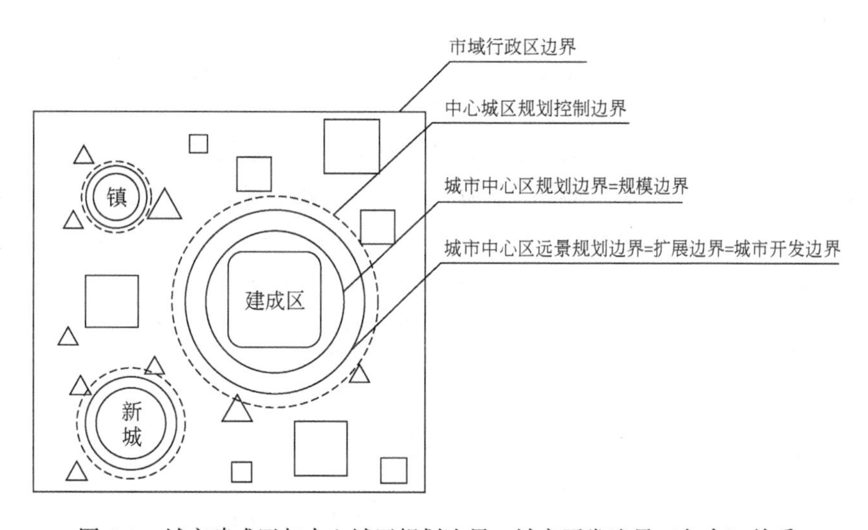

图 5-2　城市建成区与中心城区规划边界、城市开发边界（包含）关系

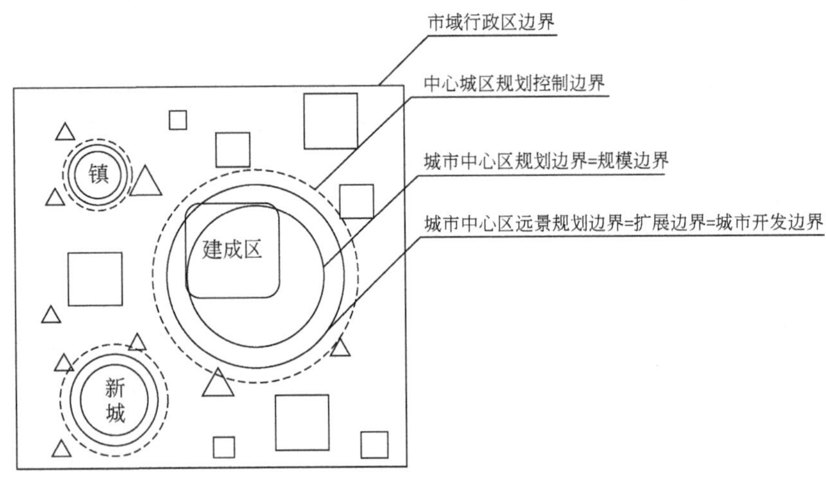

图 5-3　城市建成区与中心城区规划边界、城市开发边界（重叠）关系

5.2.2　先底后图，红线倒逼

为控制城市扩张规模、保护自然环境和自然生态资源等目标，城市开发边界必须以非建设空间边界划定工作为前提，由圈定“底图”开始，采取先底后图，红线倒逼的划定方法。所谓“底图”就是一些我们必须保护和保障，决不能从事开发建设的非建设空间，包括生态红线、永久基本农田红线以及土地利用总体规划、城乡规划和主体功能区规划中禁止建设边界和限制建设边界。这些边界共同构成城市开发边界划定的“底图”，不能划入城市开发边界范围（图 5-1）。

城市开发边界既要约束城市的扩张，也要满足城市的发展需求。为此，除了实质的空间“红线”外，还要划定虚拟的规模“红线”，一方面要基于区域综合承载力，确定城市开发边界内的远景用地规模；另一方面要基于规划期末经济社会发展目标，确定城市总体规划线内的规划用地规模。其中，城市远景用地规模由城市发展预期性经济指标和区域综合承载能力共同决定；规划用地规模由土地利用总体规划、规划期末人口规模和人均建设用地水平共同决定。规划部门需要依据建设用地总量的预测，在圈定“底图”的基础上，进行城市（镇）中心城区规划、城市（镇）中心城区远景规划。各级土地部门针对规划部门完成的相关规划边界进行意见反馈。国土和规划两部门合作共同划定城市开发边界，使城市开发边界与现有城市规划和土地管理体系相融合。

5.2.3　动态平衡，“换”“调”结合

我国正处于中国特色社会主义道路探索时期，社会制度不断完善，经济发展迅速，使城市发展面临较多的不确定性。因此，城市开发边界既要强调“刚性”约束，也不能一成不变，而应建立有序定期的调整更新方法，坚持动态平衡，“换”“调”结合的原则，保

证城市开发边界成为城市发展的“保障线”，而不是“紧箍咒”。

在近期（1 年）内，在保证建设用地总量不变的情况下，城市开发边界内的土地可以进行一次同等面积的空间置换。置换的方式有两种：一种是城市（镇）中心城区规划边界内的用地和城市（镇）中心城区远景规划边界内的用地进行置换（图 5-4），即建设用地和非建设用地的置换。另一种是城市（镇）中心城区规划边界内的用地和其他城市（镇）中心城区规划边界用地进行置换（图 5-5），即城市建设用地和镇建设用地的置换。调入城市（镇）中心城区规划边界内的土地依照有关程序进行开发建设，调出城市（镇）中心城区规划边界的土地则不能进行新的开发建设活动，并要在一定期限内进行腾退。

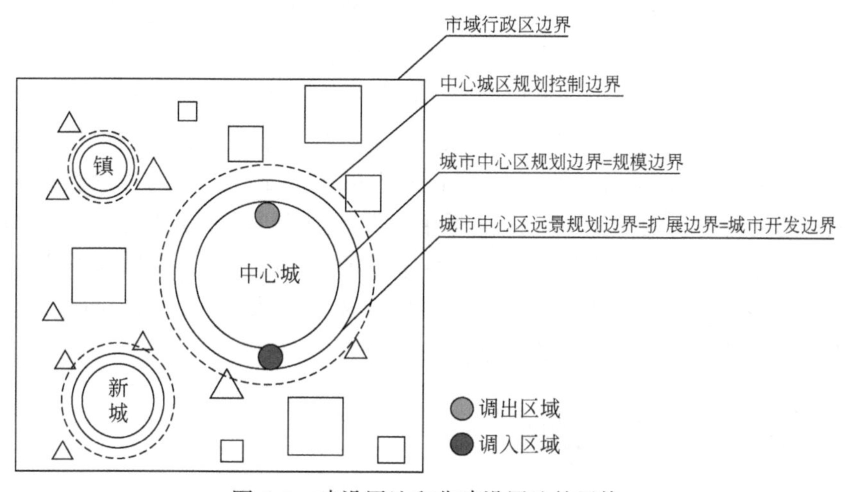

图 5-4　建设用地和非建设用地的置换

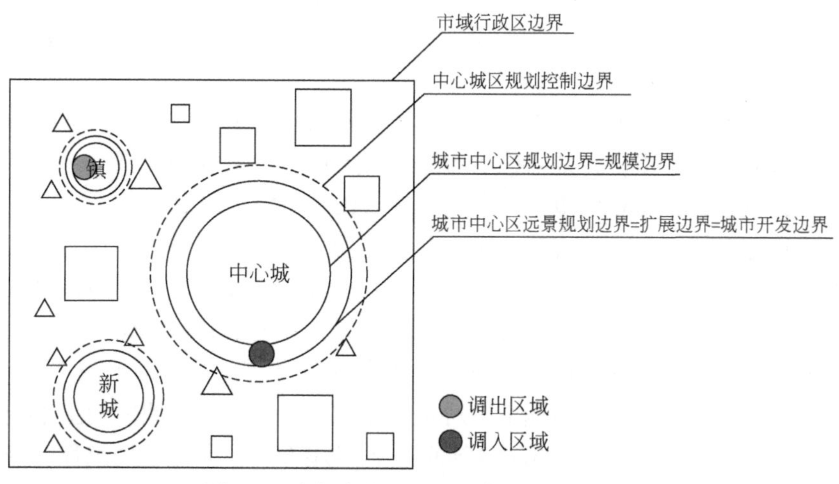

图 5-5　城市建设用地和镇建设用地的置换

在短期（5 年）内，规划部门和国土部门应该对城市开发边界进行评估，使其根据发展规划同步调整，以更好地适应城市的发展阶段，满足城市的发展需求。在长期（10～20

年）内，城市开发边界可以配合新一轮的城乡规划和土地利用规划修编工作进行重新划定。

5.3 落实划定城市开发边界的关键问题

5.3.1 区别对待，因地制宜

我国区域发展水平参差不齐，城市发展阶段千差万别，城市开发边界在不同城市的定位也不尽相同。因此，在推广城市开发边界相关工作时，不能采取简单“一刀切”式的做法，必须结合实际情况，依据不同城市制定不同标准，因地制宜、区别划定。

以城市开发边界应比城市（镇）中心城区规划规模大多少这个关键性指标为例，对于上海、北京等发育比较成熟、区域承载力情况较差的城市而言，城市开发边界很有可能与中心城区规划边界重合；对于南京、武汉等相对发达但仍具有一定发展潜力的城市而言，城市开发边界具备一定优化城市结构、预防城市蔓延的作用，中心城区与城市开发边界之间地区可能不会很大；对于中西部地区一些刚刚或尚未进入快速城镇化时期的城市而言，城市开发边界应能够保证城市发展的需求。

5.3.2 分级实施，强化监管

任何一项政策的有效实施都离不开明晰的实施和监管体系。作为一项政策工具，城市开发边界与城市建设、资源环境的宏观管理问题息息相关。为了保证城市开发边界的有效性和严肃性，应按照“一级政府一级事权”的原则，明确各级政府在城市开发边界组织实施和监督管理过程中的职责。

在组织实施层面，通过划定规划控制边界区分各级政府事权。其中，中心城区规划控制边界以及城市开发边界由市、县人民政府组织划定；中心城区外的城区、镇区规划控制边界以及城市开发边界由所在地市、区、县、镇人民政府组织划定。

在监督管理职责层面，中央（需要国务院审批规划的城市由中央管理）和省级管理部门重点管控包括城市开发边界、生态红线、永久基本农田红线等宏观空间控制线的利用情况；地方管理部门重点管控城市开发边界内的建设开发和土地利用情况。

在管理手段层面，依托现有城乡规划“一书三证”制度，建立城乡统筹的管理方法，前瞻性地与未来城乡统一的建设用地市场对接。在城市开发边界范围内的土地上进行的开发活动，无论其土地权属，均采取相对一致的土地供应方式、项目审批流程和项目监管体系；在城市开发边界范围外的已建设用地，无论其土地权属，原则上应维持现状，鼓励有偿腾退，除重大基础设施、公共服务设施项目外，不再允许改建、扩建行为。

在管理技术层面，应以1∶10 000为统一比例尺，建立矢量化、电子化信息共享平台，明确城市开发边界的地理坐标，整合形成“一张图”的管理模式，防止模糊地带的出现。

5.3.3 依法实施，均衡利益

城市开发边界划定涉及土地发展权的分配问题。土地发展权是指在土地上进行开发的权利（胡兰玲，2002）。虽然土地发展权并不在我国现行明确表述的土地所有权或使用权权能体系中，按照我国土地归国家所有和集体所有，城市市区和非城市市区土地、国有土地出让和划拨等多种权利构架以及使用条件的设置，实质上隐含着一个基本逻辑，即土地发展权归公，换言之，土地发展权的设置是隐性的，它随着城镇土地有偿使用制度的出现而客观存在，并归属国家和全体公民。目前，我国事实上已经形成了两级土地发展权体系。一级土地发展权隐含在上级政府对下级区域的建设许可中。上级政府出于维护国家利益和公共利益，决定是否赋予下级区域空间开发利用的权利，根据基本农田保护红线、生态建设和环境保护原则、经济社会发展需求统一配置土地发展权。二级土地发展权隐含在政府对建设项目、用地的规划许可中，其使用是地方政府将从上级所获得的区域建设许可权进一步配置给个人、集体和单位的过程（林坚和许超诣，2013）。为此，城市开发边界划定是一级土地发展权的调控手段和政策工具，符合法律赋予政府的职权，应依法实施。

城市开发边界通过约束一级土地发展权进而影响二级土地发展权的配置。城市开发边界划定意味着土地发展权不均衡分配，即边界内的土地使用主体具备获得土地发展权的潜在可能，边界外的土地使用主体势必会因土地发展权的丧失导致利益上的损失。为此，城市开发边界划定的方案设计不仅要考虑技术方法，也必须制定配套补偿机制，均衡“圈内”和“圈外”集体，以及个人的利益，确保城市开发边界相关工作的顺利推进。

5.4 结　　语

在欧美国家，城市开发边界管理技术在控制城市蔓延，倡导土地多功能混合利用，保护环境及塑造可持续的城市发展形态等方面发挥了积极作用。我国在新型城镇化的背景下，划定城市开发边界应该立足城乡统筹的视角，以保护生态环境和自然资源、控制城市蔓延、保证城市合理发展需求为目标，依托现有城市空间管制工作基础，结合城市发展实际情况，推进“划定可行、管理有效”的城市开发边界工作，从而促进土地资源的节约集约利用，推动新型城镇化的健康发展。

第6章 沈阳经济区土地利用基本情况

本章以沈阳经济区为研究区域，探究其土地利用变化的规律与存在问题，主要包括以下三方面内容：①揭示不同时空上的土地利用动态变化特征与规律；②揭示土地利用中存在的问题；③解释土地利用变化速度及变化方向，根据现有的土地利用数据及土地利用变化特点，为下一步的空间模拟作好铺垫，为制定人地协调发展的土地利用总体规划提供科学依据。

6.1 沈阳经济区土地利用现状

土地利用现状是某区域在较长一段时间内，受自然、社会经济、科技水平等一系列因素影响而形成的现状土地利用模式。对土地利用现状进行分析，有利于摸清区域内国土资源的“家底”，有利于发现现状国土空间利用中存在的问题，从而为制定科学、合理的国土空间规划和国土空间可持续发展战略提供可靠的依据。本章主要从土地城镇化的数量结构、空间格局两个方面进行分析。

本章主要对土地利用现状进行分析，总结归纳研究区域土地利用现状特点及存在的问题，并给出相应的建议措施。主要包括以下几个方面：

1）土地利用类型的多样性及各类型所占总量的比例是否合理。

2）土地利用类型在空间上的分布格局特点及分布是否合理。

3）土地城镇化与人口城镇化发展速率是否协调。

4）城镇建设的集聚性如何，其他土地利用类型，如自然生态空间在空间上分布是否呈现破碎化特征。

6.1.1 数据来源

研究数据来源于沈阳经济区2012年土地利用变更调查数据。土地利用类型根据国土三生空间的分类标准，主要分为五个空间类型，即城镇建设空间、乡村建设空间、农业生产空间、自然生态空间与其他建设空间，具体的沈阳经济区三生空间分类与土地利用现状分类的对应关系见表6-1。

表6-1 沈阳经济区三生空间分类标准

空间类型	土地利用现状分类（2007年）
城镇建设空间	201城市，202建制镇
乡村建设空间	203村庄，204采矿用地
农业生产空间	01耕地，02园地，104农村道路，114坑塘水面，117沟渠，122设施农用地，123田坎

续表

空间类型	土地利用现状分类（2007 年）
自然生态空间	03 林地，04 草地，111 河流水面，112 湖泊水面，113 水库水面，115 沿海滩涂，116 内陆滩涂，119 冰川及永久积雪，124 盐碱地，125 沼泽地，126 沙地，127 裸地
其他建设空间	101 铁路用地，102 公路用地，103 街巷用地，105 机场用地，106 港口码头用地，107 管道运输用地，118 水工建筑用地，205 风景名胜及特殊用地

注：表中数字代表土地利用类型的代码

6.1.2 土地利用数量结构现状

土地利用结构是指一个国家、地区或生产单位的各种土地利用类型或方式在数量上的比例关系和空间上的相互位置关系所形成的格局，以及权属上的所属关系的综合。而土地利用数量结构主要是指各土地利用类型占总量的比例大小及各类型的数量关系，并分析各土地利用类型的数量结构是否合理，这是一项土地利用现状分析与研究必不可少的工作。

土地利用数量结构现状分析的步骤如下：

1）对土地利用现状进行分类。数据主要为近年来土地利用变更调查数据。土地利用现状数据分类可以将土地细类根据研究区域的空间规划相对应，2009 年第二次全国土地调查（简称“二调”）土地分类与土地规划分类转换对应关系见表 6-2。

表 6-2 “二调”土地分类与土地规划分类转换对应关系

<table>
<tr><th colspan="4">“二调”土地分类</th><th colspan="6">土地规划分类</th></tr>
<tr><th colspan="2">一级类</th><th colspan="2">二级类</th><th colspan="2">三级类</th><th colspan="2">二级类</th><th colspan="2">一级类</th></tr>
<tr><th>代码</th><th>类别名称</th><th>代码</th><th>类别名称</th><th>类别名称</th><th>代码</th><th>代码</th><th>类别名称</th><th>代码</th><th>类别名称</th></tr>
<tr><td rowspan="3">01</td><td rowspan="3">耕地</td><td>011</td><td>水田</td><td rowspan="11"></td><td rowspan="11"></td><td rowspan="3">11</td><td rowspan="3">耕地</td><td rowspan="16">1</td><td rowspan="16">农用地</td></tr>
<tr><td>012</td><td>水浇地</td></tr>
<tr><td>013</td><td>旱地</td></tr>
<tr><td rowspan="3">02</td><td rowspan="3">园地</td><td>021</td><td>果园</td><td rowspan="3">12</td><td rowspan="3">园地</td></tr>
<tr><td>022</td><td>茶园</td></tr>
<tr><td>023</td><td>其他园地</td></tr>
<tr><td rowspan="3">03</td><td rowspan="3">林地</td><td>031</td><td>有林地</td><td rowspan="3">13</td><td rowspan="3">林地</td></tr>
<tr><td>032</td><td>灌木林</td></tr>
<tr><td>033</td><td>其他林地</td></tr>
<tr><td rowspan="2">04</td><td rowspan="2">牧草地</td><td>041</td><td>天然牧草地</td><td rowspan="2">14</td><td rowspan="2">牧草地</td></tr>
<tr><td>042</td><td>人工牧草地</td></tr>
<tr><td>10</td><td>交通运输用地</td><td>104</td><td>农村道路</td><td>农村道路</td><td>152</td><td rowspan="5">15</td><td rowspan="5">其他农用地</td></tr>
<tr><td rowspan="2">11</td><td rowspan="2">水域及水利设施用地</td><td>114</td><td>坑塘水面</td><td>坑塘水面</td><td>153</td></tr>
<tr><td>117</td><td>沟渠</td><td>农田水利用地</td><td>154</td></tr>
<tr><td rowspan="2">12</td><td rowspan="2">其他土地</td><td>122</td><td>设施农用地</td><td>设施农用地</td><td>151</td></tr>
<tr><td>123</td><td>田坎</td><td>田坎</td><td>155</td></tr>
</table>

续表

“二调”土地分类				土地规划分类					
一级类		二级类		三级类		二级类		一级类	
代码	类别名称	代码	类别名称	类别名称	代码	代码	类别名称	代码	类别名称
05	商服用地	051	批发零售用地	城市	211	21	城乡建设用地	2	建设用地
		052	住宅餐饮用地	建制镇	212				
		053	商务金融用地						
		054	其他商服用地	集镇	213				
07	住宅用地	071	城镇住宅用地	城市	211				
				建制镇	212				
		072	农村宅基地	集镇	213				
				村庄	214				
10	交通运输用地	103	街巷用地	城市	211				
				建制镇	212				
				集镇	213				
12	其他土地	121	空闲地	城市	211				
				建制镇	212				
				集镇	213				
				村庄	214				
08	公共管理与公共服务用地	081	机关团体用地	城市	211				
		082	新闻出版用地						
		083	科教用地	建镇	212				
		084	医卫慈善用地						
		085	文体娱乐用地						
		086	公共设施用地	集镇	213				
		087	公园与绿地						
06	工矿仓储用地	061	工业用地	城市	211				
				建制镇	212				
				独立建设用地	216				
		062	采矿用地	盐田	233	23	其他建设用地		
				采矿用地	215	21	城乡建设用地		
		063	仓储用地	城市	211				
				建制镇	212				
				独立建设用地	216				

续表

“二调”土地分类				土地规划分类					
一级类		二级类		三级类		二级类		一级类	
代码	类别名称	代码	类别名称	类别名称	代码	代码	类别名称	代码	类别名称
08	公共管理与公共服务用地	088	风景名胜设施用地	风景名胜设施用地	231	23	其他建设用地	2	建设用地
09	特殊用地	091	军事设施用地	特殊用地	232				
		092	使领馆用地						
		093	监教场所用地						
		094	宗教用地						
		095	殡葬用地						
10	交通运输用地	101	铁路用地	铁路用地	221	22	交通水利建设用地		
		102	公路用地	公路用地	222				
		105	机场用地	机场用地	223				
		106	港口码头用地	港口码头用地	224				
		107	管道运输用地	管道运输用地	225				
11	水域及水利设施用地	113	水库水面	水库水面	226				
		118	水工建筑物用地	水工建筑用地	227				
		111	河流水面		311	31	水域		
		112	湖泊水面	湖泊水面	312				
		115	沿海滩涂			32	滩涂沼泽	3	末利用地
		116	内陆滩涂						
		119	冰川及永久积雪	冰川及永久积雪		31	水域		
04	草地	043	其他草地			33	自然保留地		
12	其他土地	124	盐碱地						
		125	沼泽地			32	滩涂沼泽		
		126	沙地			33	自然保留地		

2）计算分类后的土地利用现状数据中各土地利用类型占国土面积的比例，即数量结构，分析各土地利用类型的数量结构，即本区域国土空间各土地利用类型之间的比例关系及比例的合理性。

根据沈阳经济区土地利用数量结构分析，沈阳经济区土地利用数量结构具有以下几个特点：

1）土地类型多样。除冰川外，几乎涵盖了所有的土地类型。沈阳经济区所包含的土地利用类型多样，有耕地、林地、草地、园地、城镇村及工矿用地、交通运输用地、水域及水利设施用地等，见表 6-3。其中，耕地与林地面积比例之和约为 79%，占较大比例。

表 6-3　2012 年沈阳经济区各土地利用类型面积

土地利用类型	分类	面积（km^2）	比例（%）
耕地		28 275.7	37.6
园地		1 604.7	2.1
林地		31 318.7	41.6
草地		1 886.3	2.5
城镇村及工矿用地	小计	6 887.7	9.2
	城市	1 406.6	1.9
	建制镇	742.3	1.0
	村庄	3 848.9	5.1
	采矿用地	753.9	1.0
	风景名胜及特殊用地	136.1	0.2
交通运输用地		1 685.3	2.2
水域及水利设施用地	小计	3 399.8	4.5
	河流水面	1 099.9	1.5
	湖泊水面	2.1	0
	水库水面	571.3	0.8
	坑塘水面	529.5	0.7
	沿海滩涂	100.2	0.1
	内陆滩涂	508.9	0.7
	沟渠	416.6	0.6
	水工建筑用地	171.3	0.2
其他土地		205.0	0.3
合计		75 263.2	100

2）农业生产空间、自然生态空间的比例高。沈阳经济区三生空间数量结构中，自然生态空间和农业生产空间的比例高，分别占了 47.3% 和 42.4%，两者比例之和约为 89.7%；分市的三生空间数量结构中，自然生态空间比例较高（超过 50%）的有抚顺市和本溪市，农业生产空间比例较高（超过 50%）的有沈阳市、阜新市和铁岭市（图 6-1 和表 6-4）。

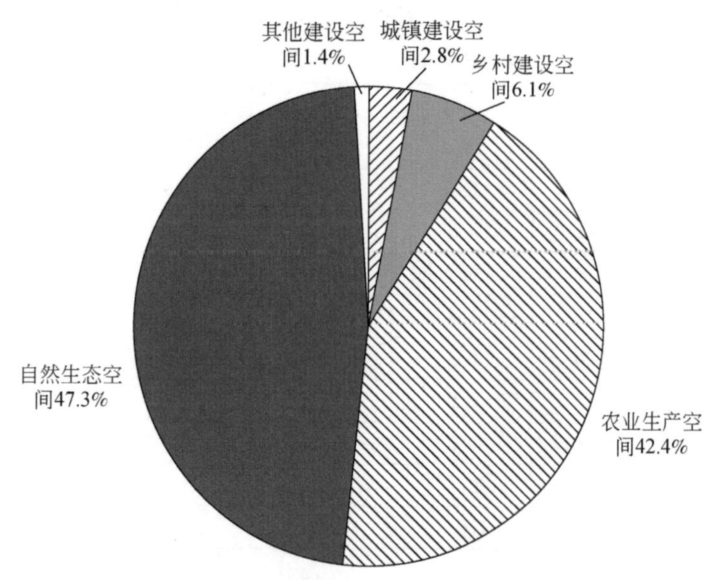

图 6-1　2012 年沈阳经济区三生空间占比现状

表 6-4　2012 年辽宁省三生空间数量结构情况

地区	辖区总面积（km²）	城镇建设空间		乡村建设空间		农业生产空间		自然生态空间		其他建设空间	
		面积（km²）	比例（%）	面积（km²）	比例（%）	面积（km²）	比例（%）	面积（km²）	比例（%）	面积（km²）	比例（%）
辽宁省	148 416. 7	3 632. 8	2. 4	9 045. 7	6. 1	59 389. 0	40. 0	74 287. 7	50. 1	2 061. 5	1. 4
沈阳经济区	75 263. 2	2 148. 8	2. 8	4 602. 8	6. 1	31 903. 9	42. 4	35 577. 4	47. 3	1 030. 1	1. 4
沈阳市	12 859. 9	804. 8	6. 3	1 006. 2	7. 8	8 386. 8	65. 2	2 328. 9	18. 1	333. 2	2. 6
鞍山市	9 255. 3	255. 0	2. 8	681. 9	7. 4	3 658. 8	39. 5	4 536. 6	49. 0	123. 0	1. 3
抚顺市	11 271. 0	189. 6	1. 7	302. 0	2. 7	2 047. 6	18. 2	8 648. 7	76. 7	83. 1	0. 7
本溪市	8 413. 9	121. 9	1. 4	228. 1	2. 7	997. 8	11. 9	7 009. 1	83. 3	57. 0	0. 7
营口市	5 415. 7	286. 3	5. 3	558. 5	10. 3	2 100. 9	38. 8	2 372. 9	43. 8	97. 1	1. 8
阜新市	10 327. 0	162. 2	1. 6	644. 6	6. 2	5 556. 6	53. 8	3 864. 6	37. 4	99. 0	1. 0
辽阳市	4 735. 7	145. 1	3. 1	459. 7	9. 7	2 089. 7	44. 1	1 967. 1	41. 5	74. 1	1. 6
铁岭市	12 984. 5	183. 9	1. 4	721. 8	5. 6	7 065. 7	54. 4	4 849. 5	37. 3	163. 6	1. 3

3）耕地比例高，建设用地比例较高，城乡建设用地、交通水利用地比例较高。通过比对辽宁省（2005 年）、北京市（2004 年）和沈阳经济区（2012 年）的各用地类型占各自辖区土地总面积的比例（表 6-5），可以看出，沈阳经济区的耕地比例明显比其他区域比例高很多，建设用地比例较高，建设用地中的城乡建设用地、交通水利用地比例都较高。

表 6-5　2012 年各用地类型占各辖区土地总面积的比例

地类	辽宁省（2005 年）		北京市（2004 年）		沈阳经济区（2012 年）	
	面积（万 hm^2）	比例（%）	面积（km^2）	比例（%）	面积（km^2）	比例（%）
耕地	409.08	27.6	2 364.4	14.9	28 275.73	37.6
园地	59.82	4.0	1 239.4	7.8	1 604.66	2.1
林地	569.02	38.4	6 903.2	43.5	31 318.67	41.6
牧草地	34.94	2.4	20.4	0.1	1 886.26	2.5
建设用地	137.01	9.3	3 197.2	20.2	11 972.84	15.9
其中：城乡建设用地	102.8	6.9			6 887.71	9.2
其中：交通水利用地	34.21	2.3			5 085.13	6.8
其他土地	270.7	18.3	2 134.9	13.5	205.02	0.3
合计	1 480.57	100.0	16 410.5	100.0	75 263.18	100.0

6.1.3　土地利用空间格局现状

土地系统是由自然要素组成的自然综合体，是人类过去与现在生产劳动的产物，具有综合性、整体性和生产性等基本特征。除土地利用数量结构现状分析外，更重要的是关注各土地利用类型在空间上的分布格局。在人类活动和自然因素的影响下，土地利用类型在各区会有很大的差异。为了进一步了解研究区内土地利用空间类型的空间分异状况，本节将研究单元细分到区县级，研究各区县土地利用类型在空间分布上的特征及其合理性。具体步骤如下：

1）获取近年来研究区域的土地利用现状矢量图，对土地利用数量结构进行空间上的布局，得到研究区域各土地利用类型的空间格局结果图，便于分析各土地类型的分布情况，进而分析其分布特征及其分布是否合理。

2）将研究单元分为市级或区县级，对各市或各区县的各土地利用类型面积（尤其是建设用地面积）占辖区面积的比例进行计算，从而分析研究区土地利用的空间格局。

通过对 2012 年沈阳经济区土地利用三生空间进行空间布局分析，发现沈阳经济区土地利用空间布局规律具有以下特点：

1）农业生产空间和自然生态空间分布于东西两侧，城镇建设空间较集中，乡村建设空间和其他建设空间分布较分散。

2）农业生产空间主要分布于沈阳经济区的西半侧，自然生态空间主要分布于沈阳经济区的东半侧，并且在空间分布上可以看出两类用地占绝大部分，其分布主要与沈阳经济区的地形有关，沈阳经济区的平原主要分布于西部，适宜耕地和种植业的分布；而沈阳经济区的山区主要分布于东部，适宜发展林业等。城镇建设用地主要集中于各市的市区，其他建设空间与乡村建设空间分布较分散，这与其他建设空间中有大量交通线路以及乡村居民点布局分散有关。

6.1.4 土地城镇化现状

土地城镇化现状分析主要指建设用地的开发程度及土地城镇化的速率。通过将土地城镇化的速率与人口城镇化的速率进行比较，从而分析研究区域建设用地的发展与人口城镇化的发展是否协调，建设用地的发展是超前于或者滞后于人口城镇化的发展，建设用地现状是否符合人口城镇化的需求。土地城镇化现状分析的步骤如下：

1）土地城镇化变化率（如城镇建设用地变化率）是指研究区域内单个土地城镇化空间类型（如城镇建设用地）在单位时间一年内的变化总量以及相对变化量，可用于分析研究区域土地城镇化空间利用变化总趋势以及各土地城镇化空间类型结构的速率。而年变化率指的是单位时间内（通常指一年时间）土地城镇化变化率。

土地城镇化空间类型的变化量为

$$\Delta S = S_b - S_a \tag{6-1}$$

式中，S_b、S_a 分别为研究末期某种土地城镇化空间类型的面积和研究初期相同土地城镇化空间类型的面积；ΔS 为两个时段土地城镇化空间类型的变化量。

土地城镇化空间类型的变化率可定量描述区域国土空间变化的速度，并对比较国土空间变化的区域差异和预测未来国土空间变化趋势都具有积极的作用。土地城镇化空间类型的变化率计算，假设较长时段内土地城镇化空间类型年变化为线性变化，则土地城镇化空间类型的变化率可表达为区域内一定时间范围内某种空间类型的数量变化情况，公式为

$$K = \frac{S_b - S_a}{S_a} \times 100\% \tag{6-2}$$

式中，K 为两个时段土地城镇化空间类型的变化幅度。

土地利用类型的年变化率为

$$\mathrm{Ko} = K/T \tag{6-3}$$

式中，T 为两个时间段的时间差。

2）分别计算沈阳经济区各城镇建设空间年变化率与城镇人口年变化率、乡村建设空间年变化率与乡村人口年变化率，分析土地城镇化与人口城镇化速率。

3）通过对沈阳经济区土地城镇化分析，发现其具有土地城镇化快于人口城镇化，且主要是城镇建设用地的增长较快的特点。

从表 6-6 中数据来看，沈阳经济区整体城镇人口呈现增加态势，年变化率为 5.45%，城镇建设空间整体呈现增加态势，年变化率为 6.25%，快于城镇人口的年变化率。其中，鞍山市和本溪市城镇人口呈现负增长，而城镇建设空间增长远远快于人口，人地关系发展不够协调，应注重加强这两个市的城镇建设空间的控制。乡村人口整体呈现减少趋势，而对应着的乡村建设空间呈现减少或者缓慢增加趋势，说明乡村人口与乡村建设空间之间保持着比较协调的发展关系。

表 6-6　2009～2012 年沈阳经济区人口与建设空间变化情况对比　　(单位:%)

地区	城镇人口年变化率	城镇建设空间年变化率	乡村人口年变化率	乡村建设空间年变化率
沈阳市	13.84	7.94	-11.39	-1.04
鞍山市	-0.56	4.96	-0.19	-0.23
抚顺市	0.61	4.69	-2.18	0.57
本溪市	-0.32	5.67	-0.65	0.23
营口市	1.45	4.37	-1.25	0.28
阜新市	0.45	6.08	-0.77	0.30
辽阳市	2.08	6.04	-2.74	-0.07
铁岭市	1.29	6.41	-1.22	0.80
沈阳经济区	5.45	6.25	-3.53	-0.03

综合以上分析可以发现，沈阳经济区建设用地开发程度较高，土地城镇化快于人口城镇化，建设用地规模应加强有效控制，构建和谐人地关系。

6.1.5　土地利用景观格局现状

土地利用景观格局是指景观的空间结构特征，是景观组成单元的类型、数目及空间分布与配置。通过选择景观格局指数对景观格局的定量描述，反映景观格局的结构组成和空间配置。

景观格局指数是定量描述景观格局演变及其对生态过程影响的重要方法，自 20 世纪 80 年代开始，越来越多的景观格局指数被提出和得到应用，同时对景观格局指数的分类也出现多种标准和方法。目前运用较多的分类标准是从景观生态学的基本原理出发，按景观格局指数描述的景观对象的结构层次，将景观格局指数分为斑块水平、类型水平和景观水平三大类，对斑块的分析常常是以类型为单位，分析某类型景观的斑块特征，因此往往在实际中对景观格局指数的使用可以简化为描述景观类型的指数和描述景观总体特征的指数两大类。

本节结合沈阳经济区的实际特点，从景观类型和景观总体特征两个层次选取相应的指数进行分析。所有景观格局指数的计算通过集中土地利用空间格局演变数据，将景观数据导出为 tiff 格式，运用 Fragstats4.2 软件进行计算，主要对各土地利用类型的聚集度指数（aggregation index，AI）和破碎化程度进行现状分析。选取斑块密度（patch density，PD）、最大斑块指数（largest patch index，LPI）、边缘密度（edge density，ED）、平均斑块面积（mean patch area，MPA）、聚集度指数 5 个景观指标分析沈阳经济区景观格局；选取 PD 和 AI 两个指标对沈阳经济区各市景观格局进行分析。

1）斑块密度是反映景观结构的一个基本指标，表示在一定区域内单位面积某种景观的斑块数量。斑块密度表示景观的破碎程度，斑块密度大的景观类型要比斑块密度小的景观类型更加破碎分散。斑块密度反映某一种景观类型的分化程度，该值越大，表示该种景观类型越破碎。该指数的计算方法如下：

$$\mathrm{PD}_i = \frac{N_i}{A_i} \tag{6-4}$$

式中，N_i为第 i 类土地利用空间类型的斑块总数；PD_i为第 i 类土地利用空间类型的斑块密度；A_i 为第 i 类土地利用空间类型的斑块面积。

2）聚集度指数是基于同类型斑块间公共边界长度来计算，用来表示各土地利用类型在空间分布上的聚集程度。原理为当某类型中所有斑块间不存在公共边界时，该类型的聚合程度最低；而当类型中所有斑块间存在的公共边界达到最大值时，具有最大的聚集度指数。该指数的计算方法如下：

$$\mathrm{AI} = \left[\frac{g_i}{\max \rightarrow g_{ij}}\right] \times 100 \tag{6-5}$$

式中，g_{ij}为第 i 类土地利用空间类型的相似邻接斑块数量。

$$\mathrm{IJI} = \left[\frac{-\sum_{i=1}^{m}\sum_{k=i+1}^{m}\left[\left(\frac{e_{ik}}{E}\right)\ln\left(\frac{e_{ik}}{E}\right)\right]}{\ln\frac{1}{2}m(m-1)}\right] \times 100 \tag{6-6}$$

式中，IJI 为散布与并列指数；e_{ik}为与第 i 类土地利用空间类型为 k 的斑块相邻的斑块边长（m）；m 为区域内景观类型种数；E 为整个区域景观类型的周长。

3）边缘密度用景观区域的边界与景观面积的比值表示，该指数增大说明斑块增长发生在景观区域外围，该指数减小说明内部的空间填充或边缘的景观蔓延。该指数的计算方法如下：

$$\mathrm{ED}_i = \frac{1}{A_i}\sum_{j=1}^{m} P_{ij} \tag{6-7}$$

式中，P_{ij}为第 i 类土地利用空间类型斑块与相邻第 j 类土地利用空间类型斑块间的边界长度。

4）平均斑块面积是土地利用空间类型斑块数量和斑块大小的函数，可以指征景观的破碎程度。本研究认为在景观类型级别上一个具有较小平均斑块面积值的景观比一个具有较大平均斑块面积值的景观更破碎。研究发现平均斑块面积值的变化能反馈更丰富的景观生态信息，是反映景观异质性的关键。该指数的计算方法如下：

$$\mathrm{MPA}_i = \frac{1}{N_i}\sum_{j=1}^{m} A_{ij} \tag{6-8}$$

式中，A_{ij}为第 i 类土地利用空间类型要素第 j 个斑块的面积。

5）最大斑块指数表示某种景观类型最大面积的斑块所占的比例。该指数的计算方法如下：

$$\mathrm{LPI}_i = \frac{B_{\max_i}}{A_i} \tag{6-9}$$

式中，$B_{\max_i}$为第 i 类土地利用空间类型中最大斑块的面积（hm^2）；LPI_i 为第 i 类土地利用空间类型中最大斑块指数。

通过以上景观格局指数的计算，对现状进行分析，发现沈阳经济区土地利用景观格局现状具有以下几个特点：

1）沈阳经济区整体自然生态空间破碎化程度高，城镇建设空间聚集性高，农业生产空间是其景观格局的基质，乡村建设空间分散且用地粗犷。①PD 表示斑块密度，反映某一种景观类型的分化程度，该值越大，表示该种景观类型越破碎。从结果来看，沈阳经济区整体自然生态空间的破碎程度最大，乡村建设空间存在破碎化的现象。②LPI 表示最大斑块指数，有助于确定景观的模地或优势类型等。其值的大小决定着景观中的优势种、内部种的丰度等生态特征；其值的变化可以改变干扰的强度和频率，反映人类活动的方向和强弱。从结果来看，沈阳经济区三生空间面积以农业生产空间和自然生态空间为主，为优势空间种类。③ED 表示边缘密度，该值越大表示该种景观类型的边界越细碎，景观类型越破碎。从结果来看，沈阳经济区的农业生产空间和自然生态空间的边界较为细碎。④MPA 表示平均斑块面积，从结果来看，农业生产空间是斑块面积最大的用地类型，因此农业生产空间景观是沈阳经济区景观格局的基质。⑤AI 表示聚集度指数，从结果来看，城镇建设空间和农业生产空间存在较强的聚集度。

沈阳经济区的城镇建设空间的 PD 为 0.0245，值较小，即景观破碎度较小；AI 较高，为 80 左右，说明沈阳经济区的中心城区集中发展，集聚效应明显。而乡村建设空间的 PD 为 0.3725，值较大，即景观破碎度较高；AI 为 44 左右，说明沈阳经济区的乡村建设空间较破碎，农村居民点布局分散，用地较粗犷，应注重节约集约土地利用（表 6-7）。

表 6-7　沈阳经济区 2012 年三生空间景观格局指数

空间类型	PD	LPI	ED	MPA	AI
农业生产空间	0.2503	32.9457	19.931	170.8004	76.5973
自然生态空间	0.4032	36.0088	16.2181	155.8464	72.5989
乡村建设空间	0.3725	0.2321	6.7541	16.1304	43.8727
其他建设空间	0.1494	0.0328	1.6456	7.1470	22.8045
城镇建设空间	0.0245	0.5271	1.2261	117.8028	79.0052

2）沈阳市和阜新市的自然生态空间破碎化程度高，鞍山市和营口市的乡村建设空间破碎化程度高，抚顺市和本溪市的农业生产空间破碎化程度高，沈阳市和抚顺市的城镇建设空间较为集聚（表 6-8）。①沈阳市的自然生态空间较为破碎，城镇建设空间较为集聚。说明沈阳市的城镇建设程度较高，且中心城区集中发展，但部分区县在城镇建设过程中忽视了对自然生态空间的保护和对其连接性的重视。②鞍山市、营口市的乡村建设空间破碎化程度高。说明鞍山市、营口市的农村居民点布局分散，用地较粗犷和浪费，应注重土地利用的节约集约，在城镇建设过程中加强城乡建设的协调性。③本溪市的自然生态空间相比其他 7 个市来说，空间破碎化程度低，但农业生产空间破碎化程度较高。说明本溪市在建设空间发展中注重对自然生态空间的保护，加上本溪市本身地处自然生态空间大面积分布的沈阳经济区东部，自然生态在空间上的连接性较大。而农业生产空间表现较为破碎，应注重农业生产空间的发展。④抚顺市的农业生产空间较破碎，城镇建设较集聚。抚顺市

在以后的城镇发展中，也要加强对农业生产空间的保护，不应以牺牲农业生产空间来换取城镇的建设和发展。⑤辽阳市和铁岭市的农业生产空间、自然生态空间和乡村建设空间都有一定程度的破碎化，辽阳市在城镇建设过程中应加强与其他空间类型的协调性，保障整个国土空间有条不紊地和谐发展。⑥阜新市的自然生态空间破碎化程度高，城镇建设集聚性不够。一方面要加强对自然生态空间的保护；另一方面要控制好城镇的建设，有效利用土地，注重土地的节约集约利用。

表 6-8 2012 年沈阳经济区 8 个市主要景观格局指数情况

空间类型	沈阳市		鞍山市		本溪市		抚顺市	
	PD	AI	PD	AI	PD	AI	PD	AI
农业生产空间	0.24	88.17	0.78	79.50	0.80	60.01	0.91	63.40
自然生态空间	1.40	69.94	0.73	86.77	0.16	93.88	0.26	91.33
乡村建设空间	0.60	64.73	1.13	55.02	0.62	45.75	0.44	51.53
其他建设空间	0.77	35.85	0.47	24.97	0.18	23.54	0.22	26.28
城镇建设空间	0.08	88.70	0.05	84.05	0.03	79.58	0.02	87.69
空间类型	辽阳市		铁岭市		营口市		阜新市	
	PD	AI	PD	AI	PD	AI	PD	AI
农业生产空间	0.70	83.02	0.61	83.06	0.68	79.03	0.18	72.18
自然生态空间	0.69	86.57	0.76	80.26	0.76	85.84	1.04	64.04
乡村建设空间	0.83	63.81	0.65	55.80	0.98	67.97	0.41	38.17
其他建设空间	0.44	30.83	0.46	27.65	0.42	43.37	0.14	12.08
城镇建设空间	0.03	86.25	0.04	81.39	0.06	86.74	0.02	69.96

3）个别区县的自然生态空间极为破碎，空间的连接性不够。在整个沈阳经济区和分市的景观格局指数的基础上，本研究对沈阳经济区各区县进行了自然生态空间的景观格局指数计算，其中，自然景观破碎化较严重的区县有阜新市阜新蒙古族自治县、沈阳市东陵区①、鞍山市海城市、营口市老边区，这几个地区应加强保护自然生态景观的空间连接性，降低其破碎度，构建生态安全格局。

6.2 沈阳经济区土地利用变化情况

本节采用的数据分为两类，第一类是 2005 ~ 2012 年辽宁省土地利用变更调查数据，数据格式为 xls，不含空间数据，主要为分析沈阳经济区土地利用数量结构演变规律服务；第二类是矢量数据，包括 2009 年沈阳经济区土地利用现状数据以及 2012 年沈阳经济区土地利用变更调查数据，以分析土地利用空间演变规律。

① 2014 年 6 月 17 日，经国务院批准，民政部批复同意东陵区更名为浑南区，因研究时段限制，仍沿用东陵区。

土地利用空间格局的变化主要体现在数量结构的变化、空间类型转移情况的变化以及区域变化差异上。本节将从土地利用数量结构变化、土地利用空间布局变化、土地利用空间类型的转换情况、土地利用空间景观格局变化、建设用地空间扩张方向变化等方面对沈阳经济区土地利用空间格局演变规律进行研究。

6.2.1 土地利用数量结构变化

土地利用数量结构变化是指研究区内单个土地空间类型的数量变化及其占土地总面积的比例变化，即每个土地空间类型的结构变化。土地利用数量结构变化可以直观地了解土地空间变化的总体态势，掌握土地空间变化的方向。面积变化首先反映在不同类型的总量变化上，通过分析土地利用空间类型的总量变化，绘制出其面积及比例变化趋势图，可以更加清晰地了解土地空间变化总的态势。由于 2009 年第二次全国土地调查数据在 2009 年前后差别较大，在分析时以 2009 年为节点分阶段分析（表 6-9）。

表 6-9　2005 ~ 2012 年沈阳经济区三生空间数量结构变化情况

年份	城镇建设空间		乡村建设空间		农业生产空间		自然生态空间		其他建设空间	
	面积（km^2）	比例（%）	面积（km^2）	比例（%）	面积（km^2）	比例（%）	面积（km^2）	比例（%）	面积（km^2）	比例（%）
2005	1 131.6	1.5	4 864.7	6.5	27 544.7	36.6	40 833.4	54.3	856.9	1.1
2006	1 141.1	1.5	4 900.7	6.5	27 494.8	36.6	40 830.4	54.3	864.3	1.1
2007	1 158.9	1.5	4 953.4	6.6	27 489.0	36.5	40 752.3	54.2	876.7	1.2
2008	1 173.2	1.6	4 980.3	6.6	27 483.6	36.5	40 710.5	54.1	883.7	1.2
2009	1 809.8	2.4	4 606.9	6.1	32 201.7	42.8	35 680.7	47.4	948.2	1.3
2010	1 916.0	2.5	4 611.0	6.1	32 124.1	42.7	35 628.5	47.3	967.7	1.3
2011	2 034.9	2.7	4 619.3	6.1	32 013.7	42.5	35 578.8	47.3	1 000.6	1.3
2012	2 148.9	2.9	4 602.8	6.1	31 904.1	42.4	35 577.3	47.3	1 030.2	1.4

资料来源：辽宁省土地利用变更调查数据

1）城镇建设空间的面积及其所占比例总体呈现持续增长的态势，变化速度加快，面积占沈阳经济区辖区总面积的 1.5% ~ 3.0%。2005 ~ 2008 年城镇建设空间面积由 1131.6km^2增长到 1173.2 km^2，面积增加 41.6 km^2，相对 2005 年增加了 3.7%，年变化率为 1.2%；2009 ~ 2012 年城镇建设空间面积由 1809.8 km^2增长到 2148.9 km^2，面积增加 339.1 km^2，相对 2009 年增加了 18.7%，年变化率为 5.9%（图 6-2）。

2）农业生产空间的面积及其所占比例整体呈现降低趋势，减少速度加快，面积占沈阳经济区辖区总面积的 36% ~43%。2005 ~ 2008 年农业生产空间面积由 27 544.7 km^2减少到 27 483.6 km^2，面积减少 61.1 km^2，相对 2005 年减少了 0.2%，年变化率为-0.07%；

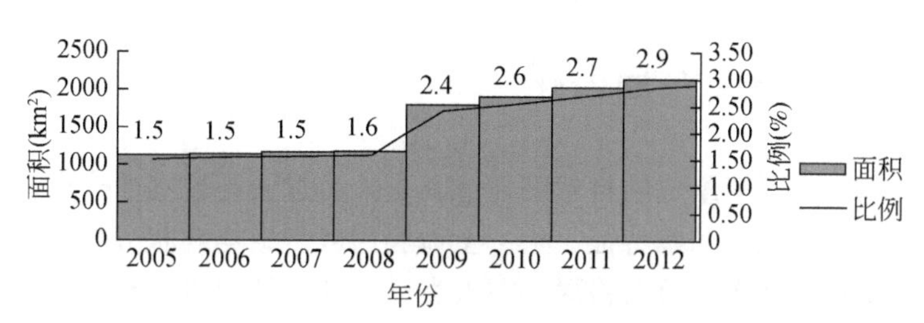

图6-2　2005～2012年沈阳经济区城镇建设空间面积变化

2009～2012年农业生产空间面积由32 201.7 km²减少到31 904.1 km²，面积减少297.6 km²，相对2009年减少了0.9%，年变化率为-0.3%（图6-3）。

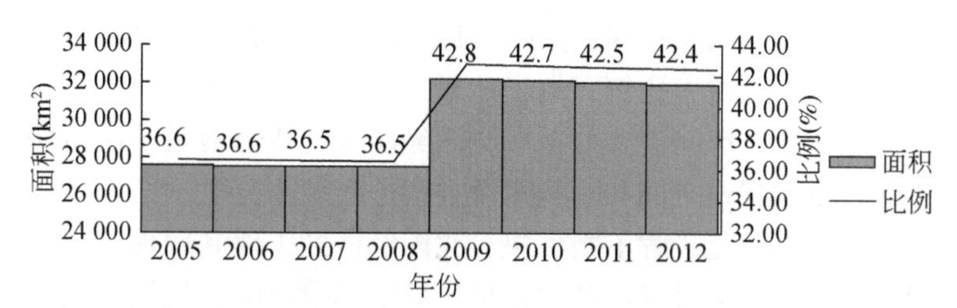

图6-3　2005～2012年沈阳经济区农业生产空间面积变化

3）自然生态空间的面积及其所占比例整体呈现降低趋势，减少速度减慢，面积约占沈阳经济区辖区总面积的47%～55%。2005～2008年自然生态空间面积由40 833.4 km²减少到40 710.5 km²，面积减少122.9 km²，相对于2005年减少了0.3%，年变化率为-0.1%；2009～2012年自然生态空间面积由35 680.7 km²减少到35 577.3 km²，面积减少103.4 km²，相对于2009年减少了0.3%，年变化率为-0.1%（图6-4）。

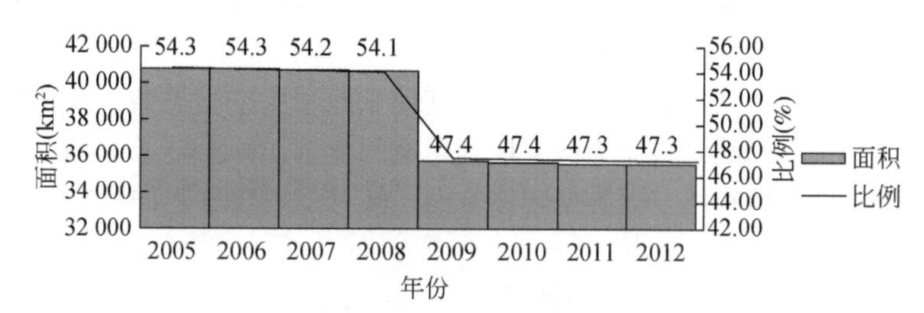

图6-4　2005～2012年沈阳经济区自然生产空间面积变化

4）乡村建设空间的面积及其所占比例除2012年有所降低外，其余年份均呈增加趋势，但整体面积变化不大，变化速度减小。

5）其他建设空间的面积及其所占比例呈现持续增加趋势，增加速度加快，面积占沈阳经济区辖区总面积的1.1%～1.4%。2005～2008年其他建设空间面积由856.9 km²增加到883.7 km²，面积增加26.8 km²，相对2005年增加了3.1%，年变化率为1.0%；2009～2012年其他建设空间面积由948.2 km²增加到1030.2 km²，面积增加82.0 km²，相对于2009年增加了8.7%，年变化率为2.8%。

6.2.2 土地利用空间布局变化

土地系统是由自然要素组成的自然综合体，是人类过去与现在生产劳动的产物，具有综合性、整体性和生产性等基本特征。除了土地利用数量结构现状分析外，更重要的是关注各土地利用类型在空间上的分布格局。在人类活动和自然因素的影响下，土地利用类型在各区域会有很大的差异。为了进一步了解研究区域内土地利用空间类型的空间分异状况，本研究主要选择各空间类型在各区县中所占的比例来进一步揭示研究区的土地利用空间格局。本研究对 2009 年和 2012 年三生空间的土地利用数量结构进行分析，以揭示土地利用数量结构的空间分布情况。

对于沈阳经济区来说，三生空间的空间布局呈现出以下特点：自然生态空间与农业生产空间占沈阳经济区面积的绝大比例，由于地形因素，自然生态空间主要分布于沈阳经济区的东部地区，而农业生产空间主要分布于沈阳经济区的西部地区，城镇建设空间主要分布于各个市的市区，乡村建设空间和其他建设空间分布较为分散。

随着时间的推移，城镇化进程不断加快，沈阳经济区土地利用现状三生空间在空间上的分布整体情况变化不大，但可以清晰地看出，城镇建设空间在逐渐加大，且呈现由中心向外蔓延的发展趋势，乡村建设空间面积在逐渐缩小。

6.2.3 土地利用空间类型的转换情况

通过土地利用转移矩阵来分析不同时期各土地利用空间类型的变化转出和转入情况。土地利用转移矩阵是土地利用空间类型间相互转化的数量和方向定量研究的主要方法，采用土地利用转移矩阵描述各种土地利用空间类型之间的转换情况，能够清晰地反映两个时期不同土地利用空间类型之间的相互转换关系。

研究期内某一种土地利用空间类型转变为其他土地利用空间类型，即为转出面积；研究期内其他土地利用空间类型转变为该土地利用空间类型，即为转入面积。土地利用转移矩阵主要是分析不同土地利用空间类型转移方向、转移量和转移趋向概率等。土地利用转移矩阵的数学表达式为

$$S_{ij} = \begin{bmatrix} S_{11} & S_{12} & \cdots & S_{1n} \\ S_{21} & S_{22} & \cdots & S_{2n} \\ \vdots & \vdots & \ddots & \vdots \\ S_{n1} & S_{n2} & \cdots & S_{nn} \end{bmatrix} \tag{6-10}$$

式中，S_{ij}为研究期内第 i 类土地利用空间类型向第 j 类土地利用空间类型转化的面积，i 为研究初期土地利用空间类型；j 为研究末期土地利用空间类型；n 行元素之和为第 i 类土地利用空间利用 GIS 进行叠加，以得到两个年份之间土地利用转移矩阵。

本研究使用 2009 年和 2012 年两个年份的土地利用数据，通过计算 2009～2012 年的土地利用转移矩阵，以揭示各种土地利用空间类型之间的转换情况，主要分析沈阳经济区

2009 ~ 2012 年新增建设用地的来源方向和数量。

2009 ~ 2012 年沈阳经济区的建设空间，尤其是城乡建设空间，来源最多为农业生产空间。随着城镇化进程，乡村建设空间转换为城镇建设空间面积较多（表 6-10）。

表 6-10 2009 ~ 2012 年沈阳经济区土地利用空间类型转换 （单位：km^2）

类型	城镇建设空间	乡村建设空间	农业生产空间	自然生态空间	其他建设空间
城镇建设空间	1 824.57	1.14	1.95	0.80	1.39
乡村建设空间	73.63	4 397.84	10.76	2.43	4.62
农业生产空间	217.93	54.17	32 171.20	49.30	57.49
自然生态空间	51.41	30.31	62.71	35 518.95	15.46
其他建设空间	3.49	0.55	1.33	0.93	685.91

1）自然生态空间：2009 ~ 2012 年自然生态空间面积大体上呈现减少趋势，自然生态空间的减少面积主要转变为农业生产空间和城镇建设空间，其中自然生态空间转变为农业生产空间的面积比例最大。

2）农业生产空间：2009 ~ 2012 年农业生产空间面积大体上呈现减少趋势，农业生产空间的减少面积主要转变为城镇建设空间和其他建设空间，其中农业生产空间转变为城镇建设空间的面积比例最大。

3）城镇建设空间：2009 ~ 2012 年城镇建设空间面积总体呈现增加趋势，转入面积主要来自自然生态空间、农业生产空间和乡村建设空间。农业生产空间转变为城镇建设空间，主要是因为在快速的城镇化进程中，相比于其他土地利用空间类型，农业生产空间更加平整，土地整体状况良好，更加适宜进行建设开发。

4）乡村建设空间：2009 ~ 2012 年乡村建设空间面积呈现减少趋势，农业生产空间的减少面积主要转变为城镇建设空间，有大部分乡村建设空间转变为城镇建设空间，少部分转变为其他建设空间。城镇化进程中农村居民地粗放的利用方式得到了一定的控制，但乡村三生空间的建设用地属性使其在利用方式上退化为非建设属性的农业生产空间或自然生态空间相对较困难，因而大部分乡村三生空间得到整合转变为城镇建设空间。

5）其他建设空间：2009 ~ 2012 年其他建设空间面积呈现增加趋势，新增其他建设空间当中大部分来自农业生产空间，在城镇化过程中，基础设施对城市生产、生活、生态起支撑和保障作用的空间得到了更多的关注，而且相比于其他土地利用空间类型，农业生产空间更加平整，土地整体状况良好，更加适宜进行建设开发，因而其他建设空间出现了适当增加，且主要来自农业生产空间。

2009 ~ 2012 年沈阳经济区农业生产空间和自然生态空间被占用现象明显，应加强个别区县这两类空间的保护。

计算 2009 ~ 2012 年沈阳经济区各区县农业生产空间转为城镇建设空间以及自然生态空间转为其他空间类型的面积。

2009 ~ 2012 年沈阳经济区城镇建设空间占用农业生产空间较多，面积为 217.93 km^2，其中，东陵区和沈北新区最严重，超过 12 km^2，铁岭县、望花区、苏家屯区、鲅鱼圈区较多，超过 7 km^2。

2009～2012 年沈阳经济区自然生态空间被其他空间类型占用的面积约为 160 km^2，其中，严重的有阜新蒙古族自治县、康平县、法库县、东陵区、辽中县①、铁西区，超过 7 km^2。

6.2.4 土地利用空间景观格局变化

景观格局指数中选择了斑块密度、最大斑块指数、边缘密度、平均斑块面积和聚集度指数 5 个指数。

对沈阳经济区 2009 年、2012 年的景观格局指数进行计算，结果表明，沈阳经济区的自然生态空间破碎化程度大，但呈现集中趋势；城镇建设空间扩张由中心向外蔓延，其聚集度较高，但呈现减小趋势；农业生产空间的聚集度减小，呈现分散趋势；其他建设空间的聚集度增加。

PD 表示斑块密度，反映某一种景观类型的分化程度，该值越大，表示该景观类型越破碎。从结果来看，沈阳经济区整体自然生态空间的破碎程度最大，但出现集中的趋势，乡村建设空间存在破碎化的现象。

LPI 表示最大斑块指数，有助于确定景观的模地或优势类型等。其值的大小决定着景观中的优势种、内部种的丰度等生态特征；其值的变化可以改变干扰的强度和频率，反映人类活动的方向和强弱。从结果来看，城镇建设空间最大斑块指数变大，表明沈阳经济区城镇建设空间扩张存在一个从市中心向外蔓延的现象；农业生产空间的最大斑块指数减小，表明农业生产空间变得分散。

ED 表示边缘密度，该值越大表示该种景观类型的边界越细碎，景观类型越破碎。从结果来看，自然生态空间的边缘密度变小，农业生产空间、城镇建设空间、乡村建设空间、其他建设空间的边缘密度变大，表明这些空间变得破碎化。

MPA 表示平均斑块面积，从结果来看，其他建设空间变大，其他空间类型变小。农业生产空间是最大的用地类型，因此农业生产空间是沈阳经济区景观格局的基质。农业生产空间的平均斑块面积较大，且平均斑块面积不断下降，而斑块密度由 2009 年的 0.2464 提升至 2012 年的 0.2503，表明农业生产空间的破碎程度增大。

AI 表示聚集度指数，从结果来看，城镇建设空间和农业生产空间存在较强的聚集度，但是聚集度减小，其他建设空间的聚集度增加（表 6-11）。

表 6-11 2009 年和 2012 年沈阳经济区三生空间景观格局指数

空间类型	年份	NP	PD	LPI	ED	MPA	AI
农业生产空间	2009	18 540	0.2464	34.072	19.9252	175.1351	76.8283
	2012	18 833	0.2503	32.9457	19.931	170.8004	76.5973

① 2016 年 1 月经国务院批准辽中县撤县设区，但由于研究时段限制，仍沿用辽中县。

续表

空间类型	年份	NP	PD	LPI	ED	MPA	AI
自然生态空间	2009	22 894	0.4043	36.0705	16.2662	155.8739	72.6014
	2012	22 819	0.4032	36.0088	16.2181	155.8464	72.5989
乡村建设空间	2009	27 762	0.3692	0.2334	6.7298	16.3034	44.1416
	2012	28 034	0.3725	0.2321	6.7541	16.1304	43.8727
其他建设空间	2009	10 647	0.1415	0.021	1.5371	6.7978	19.8925
	2012	11 245	0.1494	0.0328	1.6456	7.1470	22.8045
城镇建设空间	2009	1 355	0.018	0.5255	0.9622	135.1351	80.4951
	2012	1 846	0.0245	0.5271	1.2261	117.8028	79.0052

注：NP 指景观斑块数量

其中，自然生态空间破碎化程度较高的城市有沈阳市、阜新市；聚集度较高的城市有本溪市、抚顺市，但整体自然生态空间破碎化程度变化不大，聚集度减小；城镇建设空间破碎程度 8 个市都不是很高，说明城镇建设较为集中，其中聚集度较高的城市有沈阳市、辽阳市；乡村建设空间破碎化程度较高的城市有鞍山市，整体乡村建设空间的破碎程度减小，聚集度减小；农业生产空间整体破碎程度增加，聚集度减小；其他建设空间整体破碎度增加，聚集度减小（表 6-12）。

表 6-12　2009 年和 2012 年沈阳经济区主要景观格局指数变化情况

空间类型	年份	沈阳市		鞍山市		本溪市		抚顺市	
		PD	AI	PD	AI	PD	AI	PD	AI
农业生产空间	2009	0.22	88.37	0.77	79.58	0.79	60.32	0.91	63.75
	2012	0.24	88.17	0.78	79.50	0.80	60.01	0.91	63.40
自然生态空间	2009	1.40	70.36	0.73	86.76	0.16	93.89	0.26	91.34
	2012	1.40	69.94	0.73	86.77	0.16	93.88	0.26	91.33
乡村建设空间	2009	0.59	65.40	1.12	55.19	0.62	45.69	0.43	51.39
	2012	0.60	64.73	1.13	55.02	0.62	45.75	0.44	51.53
其他建设空间	2009	0.75	29.80	0.47	24.75	0.17	23.35	0.22	26.40
	2012	0.77	35.85	0.47	24.97	0.18	23.54	0.22	26.28
城镇建设空间	2009	0.05	90.31	0.03	85.36	0.02	80.48	0.01	88.76
	2012	0.08	88.70	0.05	84.05	0.03	79.58	0.02	87.69
空间类型	年份	辽阳市		铁岭市		营口市		阜新市	
		PD	AI	PD	AI	PD	AI	PD	AI
农业生产空间	2009	0.69	83.25	0.61	83.20	0.66	79.52	0.17	72.28
	2012	0.70	83.02	0.61	83.06	0.68	79.03	0.18	72.18

续表

空间类型	年份	辽阳市		铁岭市		营口市		阜新市	
		PD	AI	PD	AI	PD	AI	PD	AI
自然生态空间	2009	0.70	86.54	0.76	80.22	0.76	85.81	1.05	64.13
	2012	0.69	86.57	0.76	80.26	0.76	85.84	1.04	64.04
乡村建设空间	2009	0.83	63.90	0.63	55.72	0.96	68.11	0.41	38.11
	2012	0.83	63.81	0.65	55.80	0.98	67.97	0.41	38.17
其他建设空间	2009	0.42	31.25	0.44	27.94	0.39	39.69	0.13	13.06
	2012	0.44	30.83	0.46	27.65	0.42	43.37	0.14	12.08
城镇建设空间	2009	0.02	87.36	0.03	81.90	0.05	88.20	0.01	70.45
	2012	0.03	86.25	0.04	81.39	0.06	86.74	0.02	69.96

6.2.5 建设用地空间扩张方向变化

地理事物扩展变化的各向异性特征和随距离变化的空间格局是地理学研究的核心。建设用地空间格局变化是土地利用研究的核心内容之一，其演化的动态特征深刻地反映了城镇化进程及城市空间结构的变化规律。扇形与圈层分析方法能够很好地表征建设用地扩张的空间格局特征。其中，扇形分析方法通过计算不同方向的建设用地扩张指数，能较好地描述建设用地扩张的方位分异格局，但该方法不能揭示建设用地随距离变化的空间格局特征；而基于缓冲区分析的圈层分析方法能很好地描述建设用地随距离变化的空间格局特征，但不能揭示地理事物的方位空间分异格局。基于两种方法的互补性，本研究将两种方法结合使用，通过计算不同方向和距城市中心不同距离圈层的建设用地扩张分异指数，对沈阳经济区建设空间扩张的方向结构和圈层结构进行研究。

我们采用扇形分析方法对沈阳经济区土地利用空间扩张方向结构进行分析。扇形分析是指以研究区的中心为圆心，选取适当半径将研究区划分成若干相等扇形区与各时期土地利用空间图层进行叠加，通过计算不同方向的扩展指数描述建设空间的方向结构特征。

扩展指数：对于建设空间扩展的数量分析，主要是研究在一定时间段内建设空间的扩展速度，而空间扩展速率，也就是单一土地利用类型动态度，表达的是某研究区一定时间范围内建设空间和城镇建设空间的数量变化情况，反映的是年平均增长率。其公式为

$$K = \frac{U_a - U_b}{U_a} \times \frac{1}{T} \times 100\% \tag{6-11}$$

式中，K 为研究期内年均空间扩展速率；U_b 为研究末期建设空间或城镇建设空间的面积；U_a 为研究初期建设空间或城镇建设空间的面积；T 为研究时段长。当 T 的时段设定为年时，K 值就是该研究区年均空间扩展速率。

采用扇形分析方法对沈阳经济区土地利用空间扩张方向结构进行分析，沈阳经济区在以市中心为圆心的缓冲区内，根据各市不同的辖区面积，选定不同的半径。扇形分析中，

以东偏北 11. 25°为起点，将每个研究区划分成 16 个夹角相等的扇形区域，通过计算不同方位的扩展指数描述建设空间扩张的方向结构特征。本研究采用最大及次大建设空间的扩张强度指数所指向的方向作为本区域主要的扩张方向，通过将 8 个市的扩张方向综合比较，观察沈阳市在整个沈阳经济区中的中心地位是否明显（图 6-5 ~ 图 6-12）。

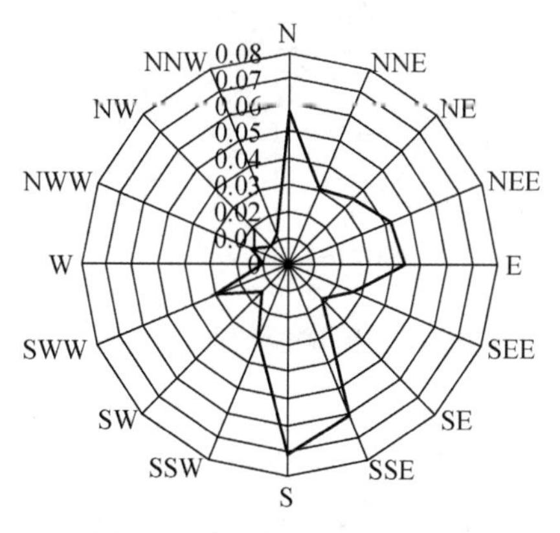

图 6-5　沈阳市扩张强度指数

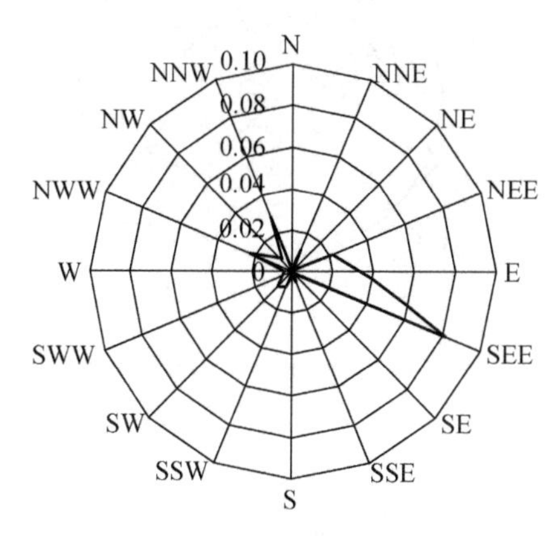

图 6-6　鞍山市扩张强度指数

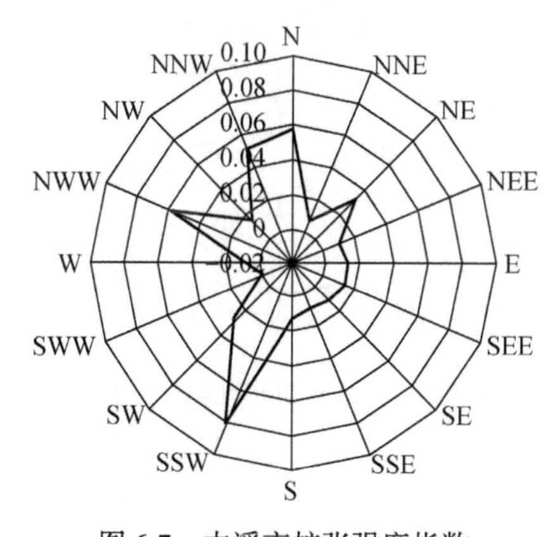

图 6-7　本溪市扩张强度指数

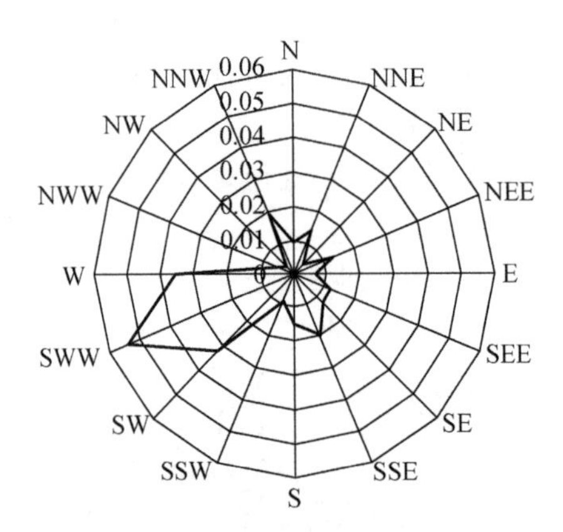

图 6-8　抚顺市扩张强度指数

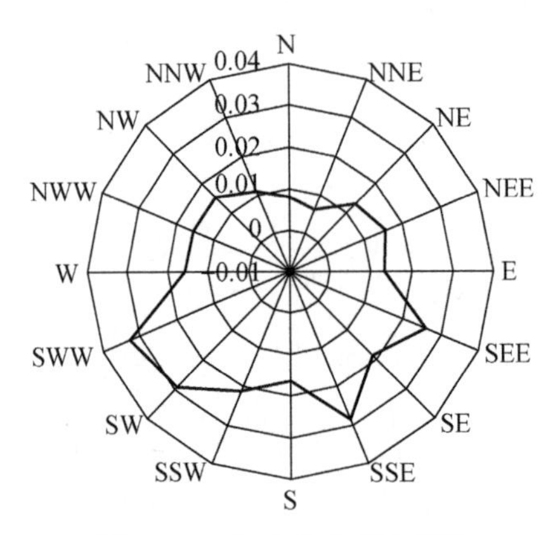

图 6-9　辽阳市扩张强度指数

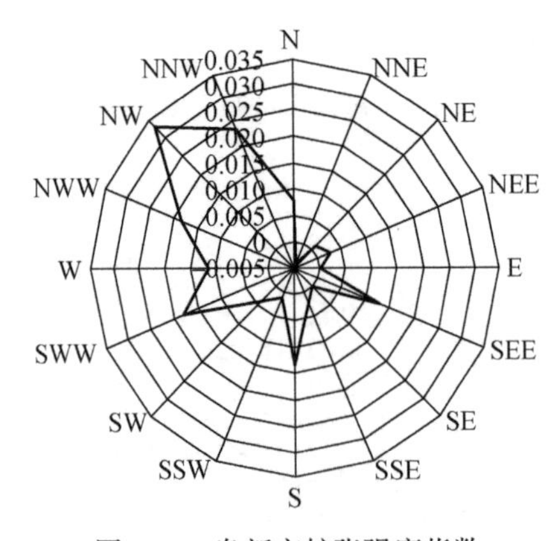

图 6-10　阜新市扩张强度指数

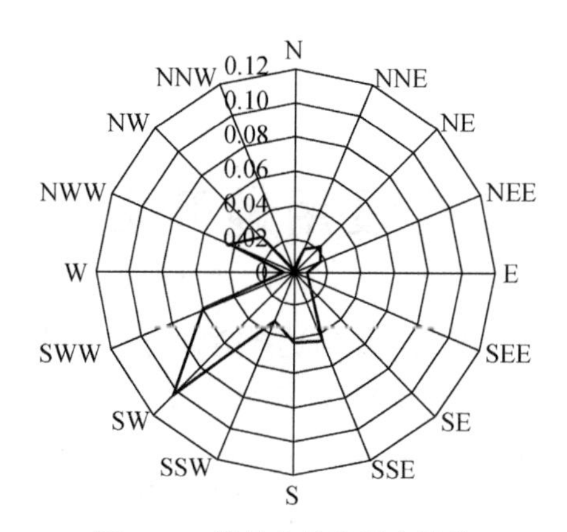

图 6-11　铁岭市扩张强度指数

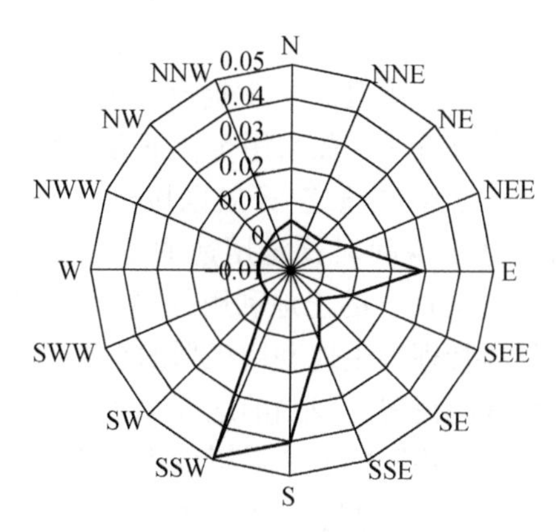

图 6-12　营口市扩张强度指数

2009 ~ 2012 年沈阳经济区各市的扩张方向：沈阳市向南、向北；鞍山市向东东南；本溪市向西南南、向西西北；抚顺市向西西南；辽阳市向西西南、向东南南；阜新市向西北；铁岭市向西南；营口市向西南南、向东。

以每个市最大扩张强度指数的方向为本市主要的扩张方向，可以发现，沈阳经济区 8 个市中除鞍山市、营口市和阜新市外，其他城市都有向沈阳市方向扩张的趋势，说明沈阳市在沈阳经济区中的中心地位较为明显。

第7章　建设用地开发适宜性评价

我国是一个自然灾害多发的国家，如何选择适宜的建设用地开发空间是我国城镇化发展面临的重要课题（李宪文和林培，2001；刘纪远等，2014）。适宜的城市开发选址，可以为城市居民创造良好的生活环境，满足人民生产、生活及安全的需要，促进城市经济和社会的发展（Hopkins，1977；Steiner et al.，2000；Collins et al.，2001；史同广等，2007；刘耀林和焦利民，2008）。世界文化遗产意大利庞贝（Pompeii）古城悲壮的场面告诉我们，不适宜的城市开发选址，不仅会造成生态环境的破坏，人民生命财产的损失，而且会给一个城市、一个民族，甚至一个国家造成灭顶之灾（江南，2010；Deischn，2012）。事实上，我国春秋战国时期的《管子・乘马》中就提出居民点选址的要求："凡立国都，非于大山之下，必于广川之上；高毋近旱，而水用足；下毋近水，而沟防省。因天材，就地利，故城郭不必中规矩，道路不必中准绳。"开展区域建设用地开发适宜性评价，就是根据自然和社会经济属性，研究国土空间对预定用途的适宜与否、适宜程度以及限制状况（唐常春和孙威，2012），以确定最适合的土地利用方式，评价结果反映了土地质量和数量的空间差异，可以作为土地资源管理和土地利用规划的重要依据。

为满足我国城镇化高速发展的需要，我国的地理学者、规划师、城市建设者在不同的地区，基于不同的空间尺度，利用不同的方法对建设用地的开发空间开展了形式多样的建设用地开发适宜性评价（陈桂华和徐樵利，1997；刘贵利，2000；丁建中等，2008；陈诚等，2009；孙伟和陈雯，2009；Tang et al.，2015；彭俊婷等，2015）。这些可以帮助我们认识区域适宜建设用地的空间差异，为城市扩张方向的选择、寻找新的城市用地空间提供依据；对规划期内可作为建设用地的土地进行分等定级，以确定建设用地合理的延展方向；减少泥石流、滑坡等各项自然灾害以及噪声等各类环境污染对城乡居民生命和财产的损失，为城乡居民提供一个安全健康的居住环境奠定基础（黄大全等，2008）。沈阳经济区是国家战略重点区域之一，其区域协调发展和新型城镇化的进程对辽宁老工业基地的全面振兴具有重要意义，开展沈阳经济区建设用地开发适宜性评价，不仅可以为沈阳经济区土地利用空间规划提供支撑，而且可以为我国适宜建设用地的空间差异性规律认识的形成提供基础。

7.1　研究区域与数据来源

7.1.1　研究区域

沈阳经济区位于我国东北地区南部，毗邻渤海；地势由北向南、由东向西倾斜；属大陆性季风气候。辖区面积 7.5 万 km^2，占辽宁全省总面积的 50.8%。沈阳经济区以沈阳市为中心，覆盖鞍山市、抚顺市、本溪市、营口市、阜新市、铁岭市、辽阳市。2012 年沈阳经济区总人口 2356.8 万人，占辽宁省总人口的 55.5%，实现生产总值 15 297.6 亿元，约占辽宁省 GDP 的 55.7%（辽宁省统计局，2013）。沈阳经济区内各市具有天然的地缘关系，彼此之间山水相连，形成较为完整的经济地理单元。

7.1.2 建设用地开发适宜性评价数据及来源

研究中用到的数据来源于官方数据和互联网公开数据。2012 年沈阳经济区土地利用调查数据、交通线路、规划文本和图件等资料来源于辽宁省国土资源调查规划局。矿山地质环境影响区域数据来源于《辽宁省矿山地质环境保护与治理规划（2016—2020 年)》，土地沙化数据来源于《辽宁省防沙治沙规划（2011—2020 年)》，湿地、森林公园、禁止开发区、自然保护区等数据来源于《辽宁省禁止开发区分布图》，森林公园包括国家级森林公园和省级森林公园。城市信息点（point of information，POI）数据来源于互联网公开数据。人口数据来源于第六次全国人口普查数据。

7.2 评 价 方 法

7.2.1 建设用地开发适宜性评价模型

本研究采用多因子加权叠加评价模型对沈阳经济区建设用地开发适宜性进行评价分析。基本步骤如下（齐增湘等，2015）：首先，根据沈阳经济区的地理环境、社会环境、相关政策等方面筛选出影响建设用地开发的主要因子，构建指标体系框架。其次，搜集相关资料获取每类因子的数据并对每个因子进行影响方式分析和统计量化处理，建立评价标准确定每个因子的阈值范围和因子的具体分值，并借助 ArcGIS10.0 工具对数据进行栅格化处理，得到各因子栅格数据。最后，采用层次分析法和专家打分法对各因子权重进行确定，利用 ArcGIS 空间分析工具和分析方法将各因子栅格图按照对应权重进行加权叠加，得到适宜性综合评价结果，并对评价结果进行等级划分，分析建设用地开发适宜性的空间分布格局和现状建设用地空间分布的合理性。多因子加权叠加评价模型如下：

$$S = \sum_{i=1}^{n} W_i X_i (i = 1, 2, 3, \cdots, n) \tag{7-1}$$

式中，S 为适宜性分值；W_i 为权重；X_i 为变量因子；n 为因子总个数。

7.2.2 评价指标体系

建设用地开发适宜性受自然地理、社会发展、生态环境、政府政策等方面影响。沈阳经济区地势由北向南、由东向西倾斜，既包括高海拔的山地丘陵，又包括低海拔的辽河平原。地质成矿条件优越、矿产资源丰富、矿地较多，由于科尔沁沙地南侵和河流两侧的砂质沉积物质影响，多数地区气候干旱、大风频繁、土地沙化严重，生态环境十分脆弱，受矿山地质和土地沙化影响较大（张瑛和陈远新，2000）。经济区内城镇化水平较高、人口众多，交通网络发达，促进了区域的发展。辽河水系横贯其中，区内水网密布、河渠纵横，生态环境对城市建设发展产生了重要影响。城市的规划建设离不开政府的政策支持，出于对生态环境的保护，基本农田、禁止开发区、自然保护区等地区对建设用地的开发做出了严格的限制。

在结合实地调查、图件资料收集以及相关分析后，依据对建设用地开发适宜性的显著性和资料的可利用性，本研究选择了土地自身因素（地形地貌、工程地质）、社会因素（交通可达性、城市距离、人口）、环境因素（水域、绿地）、政策因素（基本农田、禁止开发区、自然保护区、其他保护类型、生态规划区）4 个方面共 23 个因子作为适宜性分析的主要影响因子，构成评价指标体系。

指标体系分为目标层（M）、准则层（A）、支撑层（B）和要素层（C），目标层是沈阳经济区建设用地开发适宜性，准则层包括土地自身因素、社会因素、环境因素和政策因素 4 个方面，支撑层包括地形地貌、工程地质等 12 个因素，要素层包括高程、坡度等 23 个指标因子（表 7-1）。采用 50m×50m 大小的网格单元对各因子进行栅格化处理后得到单因子的栅格数据。

7.2.3 各因子的影响方式分析和评价标准的建立

本研究指标因子分级是在参考国内相关文献后（黄大全等，2008；陈诚等，2009；王海鹰等，2009），根据沈阳经济区的实际发展情况，对各因子的影响方式进行分析的基础上，采用专家建议和 GIS 分级方法结合的方式建立评价标准，进而对各因子进行阈值划分和具体评分。由于沈阳经济区地域面积较大，各指标因子之间发展水平差异显著，同时考虑到后续数据的统一处理，所有指标因子分级统一划分到 2 ~ 4 级。参考多位专家建议，部分因子由于其本身特性完全不适合开发为建设用地，采用一票否决制，其余因子根据其等级划分给予 1 ~ 5 分的评分，各因子的阈值划分和评价分值见表 7-1。

1）土地自身因素：土地的自然地理特征是城市选址和建设的基础条件，本研究土地自身因素包括地形地貌（高程、坡度）和工程地质（矿山地质影响、土地沙化影响）两个支撑层因素。高程和坡度会直接影响区域的开发适宜性，海拔≤60m 的为平原区，60 ~ 200m 的为丘陵，>200m 的为山地，不同的海拔可以承受的开发强度不同，高海拔的山地开发后环境很难恢复，甚至会给周边的低海拔地区带来严重影响；坡度大小会影响建筑物的用地布局和工程难易程度，建设用地趋于选择坡度≤6°的平坦地区，坡度>25°的地区通常用作景观用地或者森林保育用地，不能用来建设。所以，海拔和坡度的值越高，评分越低。矿山地质和土地沙化影响严重的地区对人们的生产生活甚至生命造成威胁，所以矿山地质影响严重区评分为 0；土地沙化地区因气候变化和人类活动导致天然沙漠扩张和砂质土壤上植被被破坏而造成砂土裸露，所以土地沙化县域内评分为 3，县域外评分为 5。

表 7-1　建设用地开发适宜性评价指标体系

目标层（M）	准则层（A）	支撑层（B）	要素层（C）	阈值划分	评价分值
沈阳经济区建设用地开发适宜性	土地自身因素（0.3134）	地形地貌（0.8333）	高程（0.2）	≤60m	5
				60～100m	4
				100～200m	3
				>200m	1
			坡度（0.8）	≤6°	5
				6°～15°	4
				15°～25°	3
				>25°	—
		工程地质（0.1667）	矿山地质影响（0.875）	其他区域	5
				影响一般区	3
				影响较严重区	2
				影响严重区	—
			土地沙化影响（0.125）	土地沙化县域外	5
				土地沙化县域内	3
	社会因素（0.1237）	交通可达性（0.5）	国道、省道距离(0.5228)	≤1 000m 缓冲区	5
				1 000～2 000m 缓冲区	4
				>2 000m 缓冲区	2
			县道、乡道距离(0.2586)	<500m 缓冲区	5
				500～1 000m 缓冲区	3
				≥1 000m 缓冲区	2
			高速公路距离(0.1058)	≥200m 缓冲区	5
				100～200m 缓冲区	4
				50～100m 缓冲区	3
				<50m 缓冲区	—
			铁路距离(0.0666)	≥500m 缓冲区	5
				100～500m 缓冲区	4
				50～100m 缓冲区	3
				<50m 缓冲区	—
			机场距离(0.0462)	≥5 000m 缓冲区	5
				2 000～5 000m 缓冲区	4
				<2 000m 缓冲区	2
				跑道范围区内	—

续表

目标层（M）	准则层（A）	支撑层（B）	要素层（C）	阈值划分	评价分值
沈阳经济区建设用地开发适宜性	社会因素（0.1237）	城市距离（0.4167）	与城市中心距离(1)	≤5 000m 缓冲区	5
				5 000～10 000m 缓冲区	4
				10 000～20 000m 缓冲区	3
				>20 000m 缓冲区	2
		人口（0.0833）	人口密度(1)	≥1 000 人/km^2	5
				800～1 000 人/km^2	4
				500～800 人/km^2	3
				100～500 人/km^2	2
				<100 人/km^2	1
	环境因素（0.1237）	水域（0.8333）	河流距离(0.1667)	≥100m 缓冲区	5
				50～100m 缓冲区	3
				<50m 缓冲区	—
			湖泊、水库距离(0.8333)	≥2 000m 缓冲区	5
				1 000～2 000m 缓冲区	4
				500～1 000m 缓冲区	3
				<500m 缓冲区	2
				水面	—
		绿地（0.1667）	重要湿地距离(0.8)	≥2 000m 缓冲区	5
				1 000～2 000m 缓冲区	3
				<1 000m 缓冲区	1
			森林公园距离(0.2)	同上	
	政策因素（0.4392）	基本农田（0.2656）	是否为基本农田(1)	否	5
				是	—
		禁止开发区（0.3872）	是否为禁止开发区(1)	同上	
		自然保护区（0.2776）	自然保护区距离(1)	≥1 000m 缓冲区	5
				800～1 000m 缓冲区	4
				500～800m 缓冲区	3
				<500m 缓冲区	2
				保护区范围	—
		其他保护类型（0.0344）	风景名胜区距离(0.8)	≥1 000m 缓冲区	5
				500～1 000m 缓冲区	4
				300～500m 缓冲区	2
				<300m 缓冲区	1

续表

目标层（M）	准则层（A）	支撑层（B）	要素层（C）	阈值划分	评价分值
沈阳经济区建设用地开发适宜性	政策因素（0.4392）	其他保护类型（0.0344）	文物保护区距离(0.2)	同上	
				≥2 000m 缓冲区	5
		生态规划区（0.0352）	生态走廊距离(0.3148)	1 000 ~2 000m 缓冲区	4
				500 ~1 000m 缓冲区	2
				<500m 缓冲区	—
			生态屏障区距离(0.4815)	同上	
			防护林带距离(0.2037)	同上	

注：各因子后括号中数值表示权重

2）社会因素：建设用地扩张驱动力之一就是社会发展情况，区域交通越方便、人口越多、离行政中心越近，则越容易快速发展。本研究社会因素包括交通可达性（国道、省道距离，县道、乡道距离，高速公路距离，铁路距离，机场距离）、城市距离、人口 3 个支撑层因素。参考《铁路线路设计规范》《城市道路绿化规划与设计规范》《城市道路和建筑物无障碍设计规范》等已有资料，道路沿线对建设用地存在较大的吸引力，而高速公路、铁路、机场等交通用地又对建设用地有较高的限制性，所以距离道路沿线越近、距离高速公路等越远，评分越高。道路沿线的可达性好，对建设用地的吸引力是随着距离而衰减的，不同等级的道路影响范围不同，如国道、省道在 2km 内影响程度最大，县道、乡道在 1km 内影响程度最大，道路等级不同，阈值划分和评价分值也不同。高速公路两侧 30 ~50m 是建筑控制区，在没有高速出口的地方不能为沿线土地开发带来价值；铁路两侧 30 ~50m 对建筑有严格限制，且周边噪声巨大、环境污染严重、安全隐患大；机场由于噪声影响和安全问题，跑道及周边地区对建设用地利用也有限制。上述交通用地的核心区域应该作为禁止建设范围，本研究将铁路和高速公路 50m 内和机场跑道进行一票否决。城市距离和人口对开发适宜性存在影响，越靠近城市中心、人口密度越高的地区，发展的区位条件越高，越容易带来规模集聚效益，发展的速度会越快。

3）环境因素：由于沈阳经济区内风沙较大、降水较少，生态环境较为脆弱，对水域和绿地应该进行保护。环境因素对建设用地的开发十分重要，本研究包括水域（河流距离，湖泊、水库距离）、绿地（重要湿地距离、森林公园距离）两个支撑层因素。河流和湖泊、水库及外延 50m 范围内为禁止建设范围（张东明和吕翠华，2010），对于禁止建设范围进行一票否决。重要湿地和森林公园作为重要的保护地区不应该进行开发，距离重要湿地和森林公园越近，评分越低。

4）政策因素：本研究政策因素包括基本农田、禁止开发区、自然保护区、其他保护类型、生态规划区 5 个支撑层因素，政府出于对生态环境和资源的保护、城市的可持续发展等，会对城市做出合理规划执行严格政策。基本农田、禁止开发区不能用作建设用地，如果在其范围内进行一票否决，范围外赋 5 分。自然保护区、风景名胜区、旅游景区、独立的文物保护区等都应该得到保护，不适合被高强度开发，离它们距离越近，评分越低，尤其是自然保护区的核心范围更要严格保护，评分进行一票否决。生态走廊、生态屏障区、防护林带的核心区域需要保护，不适合开发。生态走廊包括辽河流域、凌河流域。生态屏障区包括辽西丘陵低山、辽东山地丘陵。防护林带包括沿海防护林带。

7.2.4 因子权重确定和等级划分

采用层次分析法建立层次结构模型，结合专家打分法分析各指标间的关系后构建多层次指标体系，然后对同一层次的指标构造矩阵进行两两比较，得到相对客观的权重，见表 7-1。根据评价模型，借助 ArcGIS 空间分析工具将不同栅格数据层进行叠加，得到综合评价结果。根据综合计算分值，采用自然断点法将适宜性进行等级划分。

7.3 评价结果及应用

7.3.1 建设用地开发适宜性评价结果

（1）建设用地开发适宜性等级空间分布状况

本研究将适宜性综合评价结果划分为 5 个等级，分别是最适宜、较适宜、一般适宜、不适宜、禁止建设。最适宜和较适宜等级在土地用途规划中应该优先考虑划为建设用地，一般适宜等级用于建设的效果一般，不适宜等级不应该用于建设，禁止建设等级由于自然或者政策因素影响被禁止建设。

计算各适宜性等级的面积发现，适宜进行建设用地开发的区域较少，最适宜等级和较适宜等级面积占总面积的比例仅为 23.96%。大部分区域开发适宜性较低，不适宜等级和禁止建设等级面积占总面积的比例达到 37.79%，一般适宜等级面积占总面积的比例为 38.25%（表 7-2）。在空间分布上，最适宜等级和较适宜等级集中在各地市行政中心所在地及外围地区，并呈现出从城市中心向外扩散的趋势，这些地区地势平坦、交通发达、人口较多。一般适宜等级主要分布在西北部地区和东部地区，离城市中心远、地势高、交通不发达、人口较少。不适宜等级和禁止建设等级呈现出分散分布特点，西部地区受基本农田、土地沙化和矿山地质的影响呈现出连片分布的特点；东部地区该等级零散分布于高速公路、铁路、生态走廊、生态屏障、沿海防护林带沿线以及地势陡峭的地区；此外，个别区域的禁止建设等级范围较大，如大伙房水库、浑河源、白云山、三块石森林公园、猴石国家森林公园等。

表 7-2 各适宜性等级的面积统计

适宜性等级	面积（km^2）	比例（%）
最适宜等级	3303.88	4.39
较适宜等级	14726.91	19.57
一般适宜等级	28785.81	38.25

续表

适宜性等级	面积（km^2）	比例（%）
不适宜等级	1345.61	1.79
禁止建设等级	27087	36.00

（2）各区县建设用地开发适宜性等级分布状况

为了进一步了解各区县的建设用地开发适宜性具体情况，本研究分别计算了各区县内最适宜等级和较适宜等级、一般适宜等级、不适宜等级和禁止建设等级所占区县辖区面积的比例，来观察各适宜性等级分布最多的区域具体在哪里。将各区县内比例最高的适宜性等级进行显示。最适宜等级和较适宜等级分布较多的区域包括沈阳市的和平区、沈河区、大东区、皇姑区、铁西区、东陵区、于洪区，辽阳市的白塔区、宏伟区，阜新市的海州区、细河区，抚顺市的新抚区、望花区、东洲区、顺城区，鞍山市的铁东区、铁西区、立山区，营口市的站前区、西市区、鲅鱼圈区、老边区，铁岭市的银州区等，这些区域内最适宜等级和较适宜等级所占比例超过了 50%，可优先进行城市建设。如果现状已经是建设用地则要考虑今后如何高效集约利用，如果现状仍是非建设用地则要在今后的建设中成为优先发展区域。

一般适宜等级分布较多的区域包括本溪市的溪湖区、明山区、南芬区、本溪满族自治县、桓仁满族自治县，抚顺市的抚顺县、新宾满族自治县、清原满族自治县，阜新市的新邱区，鞍山市的岫岩满族自治县，辽阳市的弓长岭区，铁岭市的西丰县，营口市的盖州市等，这些区域内一般适宜等级所占比例超过了 50%。区域内的大多数土地实际用途中可以用作建设用地，但是用地效果一般，考虑到土地利用的节约集约高效，建议尽可能少地进行开发。如果现状为建设用地，可以考虑土地用途保持不变或者适度转为非建设用地；如果现状为非建设用地，今后最好不要进行开发。

不适宜等级和禁止建设等级分布较多的区域包括沈阳市的法库县、辽中县、新民市、康平县，辽阳市的太子河区、灯塔市，铁岭市的昌图县，鞍山市的台安县等，这些区域内不适宜等级和禁止建设等级所占比例超过了 50%。区域内多数土地不建议被开发，如果现状为建设用地可能会违反相关规定，或者对百姓的生产生活造成危害，给自然环境带来不利影响。如果有出现严重占用禁止建设等级的区域，应该立即着手腾退用地，并采取一定的配套安全措施。

7.3.2 现状建设用地的适宜性状况

2012 年现状建设用地面积约为 7202.04km^2，占辖区面积的比例为 9.57%。从空间上来看建设用地分布较为合理，有 73.33% 的建设用地分布在最适宜和较适宜等级范围内，主要集中分布在城市中心。仅 17.91% 的现状建设用地分布于一般适宜等级范围内，但仍然存在 8.76% 的建设用地分布于不适宜和禁止建设等级范围内，具体统计结果见表 7-3。

表 7-3　2012 年现状建设用地统计

适宜性等级	面积（km^2）	占现状建设用地比例（%）
最适宜等级和较适宜等级内建设用地	5281.01	73.33
一般适宜等级内建设用地	1290.06	17.91
不适宜等级和禁止建设等级内建设用地	630.97	8.76

在最适宜等级和较适宜等级范围内仍存在 70.71% 的土地还未被开发，面积约为 12 749.79km^2，主要分布在沈阳市的法库县、康平县、辽中县、沈北新区、苏家屯区、新民市、于洪区，抚顺市的抚顺县、顺城区、新宾满族自治县，铁岭市的昌图县、开原市、铁岭县、西丰县，营口市的鲅鱼圈区、大石桥市、盖州市、老边区，鞍山市的海城市、千山区、台安县、岫岩满族自治县，本溪市的本溪满族自治县、桓仁满族自治县，阜新市的阜新蒙古族自治县、彰武县，辽阳市的灯塔市、辽阳县等。建议这些区域作为优先发展和重点建设的区域。

以下区县有较多的现状建设用地分布在不适宜等级和禁止建设等级范围内：沈阳市的法库县、康平县、辽中县、新民市，抚顺市的东洲区、抚顺县、清原满族自治县、新宾满族自治县，铁岭市的昌图县、开原市、铁岭县，营口市的大石桥市、盖州市、老边区，辽阳市的灯塔市、辽阳县，鞍山市的海城市、岫岩满族自治县，本溪市的本溪满族自治县、桓仁满族自治县，阜新市的阜新蒙古族自治县、彰武县。建议这些区域开展建设用地腾退工作。

7.4　结论与讨论

本章对沈阳经济区建设用地开发适宜性进行评价，得出如下结论：①适宜进行建设用地开发的区域总体不多，最适宜等级和较适宜等级面积所占比例仅为 23.96%，主要集中在各地市行政中心所在地及外围地区，并呈现出从城市中心向外扩散的趋势，这些地区地势平坦、交通发达、人口较多。一般适宜等级集中在东部地区、少量分布在西北部地区。不适宜等级和禁止建设等级区域呈现出分散分布的特点，主要分布在西部地区和东部地区。②最适宜等级和较适宜等级分布较多的区域包括和平区和沈河区等，可优先进行城市建设；一般适宜等级分布较多的区域包括溪湖区和明山区等，应适当减少开发建设；不适宜等级和禁止建设等级分布较多的区域包括法库县和辽中县等，应该开展腾退工作。③将评价结果与 2012 年实际建设情况结合分析来看，沈阳经济区现状建设用地分布总体上较为合理。73.33% 的建设用地分布在最适宜等级和较适宜等级范围内；8.76% 的建设用地分布在不适宜等级和禁止建设等级范围内；另外在最适宜等级和较适宜等级范围内仍存在大量的区域没有进行开发建设。

沈阳经济区建设用地开发适宜性评价结果具有以下现实意义：第一，本研究将评价结果结合实际发展现状进行分析，明确指出了未来规划需要重点发展和限制的区域，为用地布局和国土空间规划方案的优化配置提供了参考，为城市扩展方向的选择、寻找新的城市用地空间提供依据。第二，根据不同适宜性等级的用地空间分布及比例，可以为我国适宜建设用地的空间差异性规律认识的形成提供基础，对于沈阳经济区建设用地增长管理方向具有一定的参考价值。

第 8 章　CLUE-S 模型在沈阳经济区的应用

本章对沈阳经济区开展大区域的土地城镇化空间格局演变模拟试验。土地利用数据主要来源于沈阳经济区 2009 年土地利用现状数据和 2012 年土地利用变更调查数据。结合沈阳经济区边界图对矢量数据作进一步处理，补充基础数据，并进行地图拓扑检查工作。社会经济统计数据主要来源于对应年份的《辽宁统计年鉴》和辽宁统计信息网。

根据土地城镇化空间分类体系，结合沈阳经济区土地利用数据，应用 ArcMap 平台下的字段连接功能，遵循逐级归并、分类有据的原则，本章划分出了沈阳经济区三生空间土地利用分布图，共分为城市建设空间、乡村建设空间、其他建设空间、农业生产空间和自然生态空间五大类空间。

8.1　基于 Logistic 回归的土地分布概率分析

8.1.1　驱动因子的选取原则

CLUE-S 模型的模拟分配过程，需要结合影响各种土地利用类型分布相关的驱动因子，同时将逐年的各土地利用类型的需求变化量分配到栅格格式的土地利用图中，从而进行研究区未来某年的土地利用空间分布格局变化的情景模拟研究。驱动因子的选择正确与否直接影响着 CLUE-S 模型的模拟精度高低，选取时应遵循以下几个原则。

(1) 数据的可获取性

充分利用已有的数据资料，同时对研究区域进行实地考察，尽可能获取更多的资料。

(2) 数据的一致性

数据的一致性主要是指在尺度上保持一致，即时间尺度和空间尺度两个方面的一致性。例如，与土地利用变化相关的社会经济统计数据在时间上的一致性；土地利用驱动因子栅格数据与土地利用栅格数据在栅格的数量、大小以及空间位置上的一致性。

(3) 驱动因子的可定量化

CLUE-S 模型是空间显性的土地利用变化模拟模型，因此需要选择易于空间化的因子。例如，尽管国家宏观政策、土地管理的法律制度和市场经济导向等对土地利用变化的影响至关重要，但目前较难对其定量化分析，因此研究中未选取该类因素作为驱动因子。

（4）自然因子与社会经济因子并重

土地利用变化受自然因子和社会经济因子的共同影响，在选取驱动因子时，应充分考虑自然因子和社会经济因子，但是在实际研究中，社会经济因子获取相对较为困难。因此，研究中选取的因子以自然因子为主，社会经济因子为辅，以期能更准确地模拟研究区土地利用空间格局变化。

8.1.2 驱动因子指标体系

依据沈阳经济区的实际情况和上述原则，综合考虑自然因子与社会经济因子，本研究从土地城镇化空间格局演变数据集中提取了 13 种驱动因子构建土地城镇化空间格局分布驱动因子指标体系，见表 8-1。

表 8-1 驱动因子指标体系

编码	驱动因子	描述
sclgr0. fil	高程	每个栅格的中心到海平面的垂直距离
sclgr1. fil	坡度	每个栅格的中心地表单元陡缓的程度
sclgr2. fil	到河流距离	每个栅格的中心到河流的最短距离
sclgr3. fil	到湖泊水库距离	每个栅格的中心到湖泊水库的最短距离
sclgr4. fil	到高速公路距离	每个栅格的中心到高速公路的最短距离
sclgr5. fil	到一般道路距离	每个栅格的中心到一般道路的最短距离
sclgr6. fil	到铁路距离	每个栅格的中心到铁路的最短距离
sclgr7. fil	到市政府距离	每个栅格的中心到市政府的最短距离
sclgr8. fil	到区县政府距离	每个栅格的中心到各区县政府的最短距离
sclgr9. fil	人口密度	以区县为单位面积土地上居住的人口数
sclgr10. fil	第二产业增加值	以区县为单位面积土地上第二产业增加值
sclgr11. fil	第三产业增加值	以区县为单位面积土地上第三产业增加值
sclgr12. fil	生产总值	以区县为单位面积土地上生产总值

8.1.3 驱动因子栅格图的获取

CLUE-S 模型进行空间数据模拟时要求各种数据必须统一到相同的地理坐标和投影坐标，同时确保各栅格数据的栅格大小和数目完全一致，才能保证在 CLUE-S 模型运行过程中模型收敛，不影响模拟效果。CLUE-S 模型中空间数据模拟是基于栅格数据进行的，因此必须先将各驱动因子转化为栅格格式的数据。本研究所选取的驱动因子主要分为两类：第一类是基础地理数据，包括高程、坡度、市级政府驻地、区县级政府驻地、高速公路、一般道路、铁路、河流和湖泊水库；第二类是社会经济统计数据，包括人口密度、第二产业增加值、第三产业增加值和生产总值。

第一步，以原始的沈阳经济区 DEM 为基础数据，在 ArcGIS10.0 软件的支持下，输出为 100m×100m 的栅格图，并将其作为地图处理环境的掩膜。第二步，利用 Slope 工具将基础地理数据中的高程数据生成坡度数据，并直接输出为栅格格式。第三步，市级政府驻地、区县级政府驻地、高速公路、一般道路、铁路、河流和湖泊水库等数据则应用 ArcToolbox 中的 Euclidean Distance 工具生成对应的栅格图；社会经济数据则通过 Polygon to Raster 工具按照对应字段生成栅格图。

8.1.4 Logistic 回归分析

运用二元 Logistic 回归模型对沈阳经济区土地利用分布的驱动因子进行定量分析。经验模型和统计模型在定量分析的实际研究中应用较多，主要采用相关分析和线性回归法等，然而在许多情况下，线性回归会受到限制，特别是实际生活中，当因变量是类别变量而不具备一定的分布规律时，普通的线性回归或者相关分析就会违背很多假设条件，导致其不适用，Logistic 回归模型能很好地解决这一问题。通过 Logistic 回归模型计算给定的 2009 年沈阳经济区三生空间出现的概率。Logistic 回归模型的形式如下：

$$P_i\ (y_i=1 \mid \beta_0\beta) = \frac{\exp\ (\alpha+\beta_1x_1+\beta_2x_2+\cdots+\beta_nx_n)}{1+\exp\ (\alpha+\beta_1x_1+\beta_2x_2+\cdots+\beta_nx_n)} \tag{8-1}$$

式中，P_i（$y_i=1$）为 y_i 值取 1 的概率，也就是土地城镇化空间类型出现的概率；x_1，x_2，…，x_n 为影响土地类型分布的影响因子；α 为常数项；β_1，β_2，…，β_n 为 Logistic 回归模型得到的偏回归系数。发生比率（odds ratio）用来对各种自变量（如连续变量、二分变量、分类变量）的 Logistic 回归模型系数进行解释。在 Logistic 回归模型中应用发生比率来理解自变量对事件概率，计算公式如下：

$$\text{Odds}=\frac{p_k}{1-p_k}=\exp(\beta_{0k}+\beta_{1k}x_1+\beta_{2k}x_2+\cdots+\beta_{pk}) \tag{8-2}$$

自变量对三生空间的相对贡献用优势率（e_i^β）来表示。当 $e_i^\beta>1$ 时，空间类型出现的概率随着自变量的增加而增加，而且自变量每增加一个单位，Odds 增加为原来的 e_i^β 倍，反之亦然。如果 $e_i^\beta=1$，那么土地城镇化空间类型出现的概率不会随着自变量的变化而变化。模型的拟合优度通过对比全部概率预测值来评估，即相对操作特征（relative operating characteristic，ROC）。ROC 值的范围为 0.5～1，0.5 代表随机分配概率，1 代表模拟效果最佳。

第一步，对 2009 年土地利用图进行重分类，分别提取共五大类空间并单独成层，形成 5 个栅格文件并导入数据集中，每个文件以沈阳经济区行政区划范围为总区域，出现该地类的栅格设为 1，没有出现该地类的栅格设为 0。

第二步，将五大类空间数据和 13 种驱动因子数据由栅格格式转成 ASCII 格式，并进行命名，地类命名规则见表 8-2。

表 8-2　地类命名规则

地类编码	地类命名	空间类型
0	cov1_0. 0	城镇建设空间
1	cov1_1. 0	乡村建设空间
2	cov1_2. 0	其他建设空间
3	cov1_3. 0	农业生产空间
4	cov1_4. 0	自然生态空间

第三步，利用 CLUE-S 模型中 Conversion 功能，将农业生产空间、自然生态空间、城镇建设空间、乡村建设空间以及其他建设空间五大类空间连同 13 个驱动因子放入模型指定文件中，按照“地类图在前、分布因子在后的顺序”进行编辑。通过转化使 sclgr*. fil 文件和 cov1_*. 0 文件可以用于 SPSS 软件的读取并进行二元 Logistic 回归分析。

第四步，将记录地类及其对应的驱动因子数据文件导入 SPSS 软件，选择 SPSS 软件中的 Binary Logistic 回归工具进行回归计算。导入地类进入 Depedent variables 选框，全部驱动因素进入 covariates 选框，选择逐步回归方法。同时，在 save 选框中选中 Probabilities，进行计算。在最终结果中记录下各土地利用类型与各驱动因子的回归关系模型中的 β 系数和 EXP（β）值（表 8-3）。

表 8-3　Logistic 回归分析结果

驱动因子	城镇建设空间	乡村建设空间	其他建设空间	农业生产空间	自然生态空间
sclgr0	0. 996 901	0. 996 639	0. 995 758	0. 995 005	1. 00 592
sclgr1	0. 820 949	0. 899 893	0. 945 381	0. 871 631	1. 19 723
sclgr2	1. 000 034	1. 000 015	0. 999 940	0. 999 987	1. 00 001
sclgr3	1. 000 006	1. 000 001	1. 000 005	0. 999 995	1. 00 000
sclgr4	1. 000 011	1. 000 006	0. 999 962	—	1. 00 000
sclgr5	0. 999 621	0. 999 963	0. 999 891	0. 999 989	1. 00 005
sclgr6	0. 999 958	0. 999 991	0. 999 958	1. 000 006	—
sclgr7	0. 999 991	0. 999 994	—	1. 000 000	1. 00 000
sclgr8	0. 999 951	0. 999 997	1. 000 010	1. 000 010	1. 00 000
sclgr9	0. 999 997	0. 999 998	0. 999 999	1. 000 002	1. 00 000

续表

驱动因子	城镇建设空间	乡村建设空间	其他建设空间	农业生产空间	自然生态空间
sclgr10	1. 000 555	0. 999 841	0. 999 974	0. 999 737	0. 99 992
sclgr11	1. 000 003	1. 000 002	1. 000 001	0. 999 998	1. 00 000
sclgr12	1. 000 003	1. 000 002	1. 000 001	0. 999 998	1. 00 000
常量	20. 562 669	6. 274 950	6. 947 245	3. 198 425	0. 11 571

采用 ROC 方法进行显著性检验，ROC 值越大说明该土地利用类型概率分布与实际分布一致性越好。一般情况下，ROC 值大于 0. 7 时，表明该驱动因子对某种土地利用类型具有较大的解释能力（表 8-4）。

表 8-4　各土地利用类型的 ROC 检验值

方法	城镇建设空间	乡村建设空间	其他建设空间	农业生产空间	自然生态空间
ROC 值	0. 933	0. 735	0. 789	0. 824	0. 889

表 8-4 显示了各土地利用类型对应的 ROC 值，所有土地利用类型 ROC 值均大于 0. 7，表明建立的驱动因子指标体系对于各土地利用类型均具有良好的解释能力，其中对城镇建设空间和其他建设空间的解释程度较强，总体来看，回归结果可用于土地利用空间格局的模拟，Logistic 回归通过检验。

CLUE-S 模型中土地的适宜性根据驱动因子的 Logistic 回归计算得到，β 值是 Logistic 回归各个因子的解释系数，EXP（β）值是以 e 为底的自然幂指数，其值等于事件发生频数与不发生频数之比，即胜率，数学意义是解释变量每增加一个单位，土地利用类型胜率的变化情况。胜率为 1，表示事件发生与不发生的概率相同；胜率小于 1，表示随着解释变量增加一个单位，事件发生的概率减小，减小值为与 1 的差值；胜率大于 1，表示随着解释变量增加一个单位，事件发生的概率增加，增加值为与 1 的差值。常量可解释没有驱动因子的情况下事件发生的概率。

从表 8-3 Logistic 回归分析结果中可以看出，对城镇建设空间，高程、坡度、到各级路网距离、到各级政府驻地距离的胜率小于 1。从自然条件方面来看，高程和坡度对建设用地的分布起着一定的制约作用，坡度大的地方不适宜建设用地的开发，因此回归模型得到的结果与预期相符。坡度的胜率减少幅度很大，说明坡度大的地区不适宜作为城镇建设用地。从区位条件来看，城镇三生空间的扩张倾向于离各级政府驻地较近的地方，这表明城市发展过程中城镇三生空间的分布仍然是以从中心城区向外蔓延为主。可达性条件是影响建设空间分布的重要条件，城镇三生空间的分布倾向于发生在距离道路较近的地方。距离道路较近的地方方便市民出行，邻近道路可以节约交通成本，模型中城镇三生空间倾向于向道路聚集，这与本研究的预期相符。

乡村建设空间的胜率与城镇建设空间基本相似，即自然条件、可达性因子与区位因子等是影响乡村建设空间布局的重要因素。

对自然生态空间而言，高程和坡度的胜率大于 1，其中，高程每增加 1m，胜率增加 0.592%；坡度每增加 1°，胜率增加 19.723%。由此说明高程和坡度对自然生态空间而言有正向的作用，虽然这类用地开发建设的成本高，但是对植被覆盖而言并没有阻碍。

在农业生产空间内，高程每增加 1m，胜率减少 0.5%；坡度每增加 1°，胜率减少 13.83%，从高程来看，由于沈阳经济区大部分位于辽河平原，高程对农业生产的影响相对较小，坡度对农业生产空间的分布有着制约作用，沈阳经济区的农业生产空间主要分布在坡度平缓的地区。

Logistic 回归模型的检验通常采用 ROC 值，从表 8-4 中可以看出，5 种土地利用类型的 ROC 值都大于 0.7，说明驱动因子对 5 种土地利用类型的解释能力较强，可以用来估算土地利用概率分布。从 ROC 值检验来看，驱动因子对乡村建设空间的解释能力最弱，城镇建设空间的 ROC 值最大，驱动因子的解释效果也最强。

8.2 基于 CLUE-S 原理模拟技术方法

基于 CLUE-S 模型模拟原理，模拟技术方法如下：CLUE-S 模型进行正常的运行计算需要 7 个模型文件，7 个模型文件直接放入 CLUE-S 模型安装目录下。

8.2.1 cov1_*.0 文件

cov_*.0 文件代表研究区域在模拟起始年份的土地城镇化空间格局现状图文件，数据格式为栅格图像转为的 ASCII 格式文档。该文件以沈阳经济区 2009 年的土地城镇化空间格局现状图为基础，通过 ArcGIS 软件将原有土地利用类型合并为（城镇建设空间、乡村建设空间、其他建设空间、农业生产空间、自然生态空间）五大类空间类型，依次对其编码，分别为 0、1、2、3、4，由于模型中运转要求数据为 ASCII 格式，可通过 ArcGIS 中 Conversion Tools 模块下 Raster to ASCII 功能将 2009 年土地城镇化空间格局现状图转化为 ASCII 格式文档，将文件重命名为 cov1_*.0 即可。

8.2.2 demand.in* 文件

demand.in* 文件代表研究模拟时间段内每年各个土地城镇化空间类型的需求面积，并要求模型初始年份与模拟末年的土地城镇化需求总量不变。为了提高模型模拟的准确度，该文件以 2009 年和 2012 年的实际土地城镇化需求量为基础，假定 2009 ~ 2012 年各个土地城镇化利用类型为匀速变化，内插出 2010 年、2011 年的各空间类型需求量（表 8-5）。该文件以 TXT 格式保存，文件的第一行表示模拟研究时段的年份总数，从第二行开始每一行表示一个年份的各个土地利用类型的需求量，之后重命名为 demand.in* 即可。

表 8-5　2009～2012 年各空间类型需求表　（单位：hm^2）

年份	城镇建设空间	乡村建设空间	其他建设空间	农业生产空间	自然生态空间
2009	182 951	444 933	67 695	3 254 923	3 569 433
2010	194 349	444 748	70 091	3 244 868	3 565 879
2011	205 747	444 563	72 487	3 234 813	3 562 325
2012	217 141	444 379	74 884	3 224 759	3 558 772

8.2.3　region_*. fil 文件

region_*. fil 文件代表区域约束文件，代表在研究区域中某一区域的土地利用空间类型不能发生转化，一般为受国家政策或者其他相关规定的区域。利用 2009 年沈阳经济区土地利用数据模拟 2012 年时，本研究将沈阳经济区内河流、湖泊等自然生态本底数据提取为限制区图层，作为限制区域。

限制区域文件主要包括 3 种数值：0 代表可以发生土地利用转化的区域；-9999 代表不属于研究范围的区域；-9998 代表不可以发生土地利用转化的区域。限制区域文件大小必须与 2009 年研究区大小一致、栅格尺度相同并转换成 ASCII 格式，重命名为 region_*. fil。

8.2.4　allow. txt 文件

allow. txt 文件代表各个土地利用类型之间是否能发生转化。文件由二值矩阵表示，0 代表土地利用类型不能发生转化，1 代表土地利用类型可以发生转化。通过转移矩阵的分析，设定了一个 5×5 的矩阵（表 8-6），并保存为 TXT 格式，重命名为 allow. txt。

表 8-6　各空间类型转换矩阵

空间类型	城镇建设空间	乡村建设空间	其他建设空间	农业生产空间	自然生态空间
城镇建设空间	1	1	1	1	1
乡村建设空间	1	1	1	1	1
其他建设空间	1	1	1	1	1
农业生产空间	1	1	1	1	1
自然生态空间	1	1	1	1	1

8.2.5　sclgr*. fil 文件

sclgr*. fil 文件代表对各个土地利用类型的空间分布变化有直接影响的驱动因子。通过对驱动因子的选定和处理，将 13 种驱动因子栅格图像转换成 ASCII 格式，重命名为

sclgr*. fil，完成 sclgr*. fil 文件的设定，见表 8-7。

表 8-7 各驱动因子编码

编码	驱动因子
sclgr0. fil	高程
sclgr1. fil	坡度
sclgr2. fil	到河流距离
sclgr3. fil	到湖泊水库距离
sclgr4. fil	到高速公路距离
sclgr5. fil	到一般道路距离
sclgr6. fil	到铁路距离
sclgr7. fil	到市政府距离
sclgr8. fil	到区县政府距离
sclgr9. fil	人口密度
sclgr10. fil	第二产业增加值
sclgr11. fil	第三产业增加值
sclgr12. fil	生产总值

8.2.6 allocl. reg 文件

allocl. reg 文件代表各个土地城镇化空间类型与驱动因子之间的二元 Logistic 回归方程的系数。先利用 ArcGIS 软件，基于 2009 年土地城镇化利用图将五大单一土地城镇化空间类型赋值为 1，其他土地城镇化空间类型赋值为 0，分别提取出五大单一土地城镇化空间类型二值图，同样转换为模型所要求的 ASCII 格式。单一土地城镇化空间类型设置格式见表 8-8。

表 8-8 单一土地城镇化空间类型设置格式

空间类型	文件名称
城镇建设空间	cov1_0. 0
乡村建设空间	cov1_1. 0
其他建设空间	cov1_2. 0
农业生产空间	cov1_3. 0
自然生态空间	cov1_4. 0

8.2.7 Logistic 回归分析

将 Logistic 回归得到的系数输入 TXT 格式的文档中，重命名为 allocl. reg 即可。

8.2.8 main 文件

main 文件是指在模型运行之前，还需设定模型内的参数文件。main 文件在模型的运行文件夹中修改即可。main 文件设置见表 8-9。

表 8-9 main 文件设置

描述	参数
空间利用类型个数	5
模拟区域个数	1
单个回归方程驱动因子变量的最大个数	9
总驱动因子数目	13
研究区域栅格行数	3 966
研究区域栅格列数	3 970
单个栅格面积（hm^2）	1
原点 X 坐标	41 336 666. 512 9
原点 Y 坐标	4 420 673. 232 5
土地城镇化空间类型序号	0、1、2、3、4
转换弹性系数	1、0. 8、0. 7、0. 4、0. 2
迭代变量	0、0. 3、1
模拟起始年份	2009 ~ 2012 年
动态驱动因子数目以及序号	0
输出文件选择	1
特定区域回归选择	0
土地城镇化历史初值	1、5
邻近区域选择计算	0
区域特点优先值	0

最后将模拟结果与实际土地城镇化利用状况进行对比。在验证模拟模型适用于研究区的基础上，对沈阳经济区的土地城镇化空间格局变化进行模拟预测，并将模拟结果与研究区土地利用总体规划进行对比分析，探讨沈阳经济区未来实现土地可持续利用的对策和建议。

8.3 模拟结果与精度验证

本研究主要利用研究区域土地利用现状调查数据，模拟研究区未来某一时期的土地利用空间格局，即以 2009 年土地三生空间数据为基础数据，模拟 2012 年的土地利用空间格局，并将模拟结果与 2012 年土地三生空间数据进行精度验证。验证采用 Kappa 指数的方法来定量地反映模拟的准确度，Kappa 指数可用于评价遥感图像的分类精度，也常用于反映两幅图像的一致性，其表达式为

$$\text{Kappa} = (P_o - P_c) / (P_p - P_c)$$

式中，P_o为两幅图像中一致性的比例；P_c 为随机情况下期望的一致性的比例；P_p为理想情况下一致性的比例。

通常情况下，Kappa 值大于 0.7 时，表示一致性较高；Kappa 值为 0.4 ~ 0.7 时，表示一致性一般；Kappa 值低于 0.4 时，表示一致性差，模拟精度差。

通过计算模拟得到 2012 年土地城镇化空间格局模拟图与 2012 年实际情况的 Kappa 值为 0.959。模拟结果表明，CLUE-S 模型在沈阳经济区的土地利用模拟研究中具有良好的适用性。

第9章 沈阳经济区城市开发边界划定

9.1 研究区域与数据来源

9.1.1 研究区概况

沈阳经济区位于我国东北地区南部，属大陆性季风气候，地势由东北向西南倾斜。区域面积7.5万km²，占辽宁全省的50.8%；2012年总人口2356.8万人，约占辽宁省总人口的55.5%；2012年实现生产总值15 297.6亿元，约占辽宁省总GDP的55.7%。区域共辖1个副省级市（沈阳市）和7个地级市（鞍山市、抚顺市、本溪市、营口市、阜新市、铁岭市、辽阳市）。沈阳经济区各市具有天然的地缘关系，彼此之间山水相连，形成较为完整的经济地理单元。

沈阳经济区是国家战略重点区域之一，对加强区域协调发展，加速推进区域经济一体化进程，促进辽宁老工业基地全面振兴具有重大意义。分析沈阳经济区的土地需求，可以为沈阳经济区的快速发展提供有力支撑。

9.1.2 数据来源

本章节使用的数据主要有《辽宁统计年鉴》（2001～2015年）、第六次全国人口普查数据、《土地利用总体规划（2006—2020年）》（沈阳经济区各市）、沈阳经济区土地适宜性评价数据、2005～2012年沈阳经济区土地利用变更数据、2012年沈阳经济区土地利用变更调查数据。其中，沈阳经济区土地利用变更数据（2005～2012年）用于计算土地利用变化趋势；沈阳经济区土地利用调查数据2012年为空间矢量数据，以该数据为基础，预测2020年①和2030年土地城镇化各类空间数量，并对2030年土地城镇化格局进行优化模拟。

9.2 沈阳经济区土地城镇化多情景优化预测与模拟

采用多情景预测方案，以提升土地城镇化质量为目标导向，根据沈阳经济区城市发展目标，对土地利用格局进行模拟预测和优化。

① 因为研究时间较早，2020年的预测数据仍保留，以便与实际数据进行对比。

以基于职业结构分析法的人口预测为基础，从人口发展速度、生态保护格局和规划政策三个角度出发，设计趋势发展情景、生态保护情景、土地利用规划情景三种情景模式进行多情景土地需求分析，充分考虑各种情况下的土地需求优化方案。

模拟分析采用 CLUE-S 模型，对沈阳经济区 8 市分别进行模拟。将多情景预测的数量结果逐年输入至模型中，同时为充分体现对生态用地、基本农田以及风景名胜古迹等用地的保障，模拟中将建设用地开发适宜性评价中的不可用地设置为限制性区域，进而在模拟结果的基础上划定沈阳经济区各城市开发边界。

9.2.1 趋势发展情景

9.2.1.1 情景设计

趋势发展情景是对人口以及社会经济等宏观政策发展的预测模拟。在假设未来土地利用变化延续历史发展趋势的情况下，可以得到趋势发展情景下的预测结果。趋势发展预测结果作为一种理想状态下的预测结果，是土地需求预测的重要参考，也是进行其他情景预测的重要基础。本研究中，假设未来土地利用变化延续 2005 ~ 2012 年的发展趋势，分析 2030 年沈阳经济区土地需求，得到趋势发展情景下的预测结果。

土地需求是指国民经济各产业部门为了维持其生产活动和人类生活所需对土地需要的总量，人口与土地需求密切相关，职业是人口与土地的纽带，人口的职业结构在一定程度上决定了土地需求。因此在该情景下，采用基于职业结构土地需求预测方法，根据职业结构预测人口，进而“以人定地”。

从《辽宁统计年鉴》(2001 ~ 2015 年) 中筛选出各年、各行业在岗职工人数。在岗职工是指在单位工作并由单位支付劳动报酬的在岗职工。在岗职工可分为在岗长期职工和在岗临时职工，包括由单位派出学习、劳务及病伤产假并由单位支付劳动报酬的人员。从沈阳经济区三生空间面积数据 (2005 ~ 2013 年) 中筛选出历年沈阳经济区各类土地数量。

因历年统计年鉴对从业人员所在行业统计口径不一，且某些行业与土地利用相关程度较小，需筛选出具有连续统计资料且与土地需求密切相关的行业。根据《国民经济行业划分标准》，我国行业可划分为农、林、牧、渔业，采矿业，制造业，电力、燃气及水的生产和供应业，建筑业，交通运输、仓储和邮政业，信息传输、计算机服务和软件业，批发和零售业，住宿和餐饮业，金融业，房地产业，租赁和商务服务业，科学研究、技术服务和地质勘察业，水利、环境和公共设施管理业，居民服务和其他服务业，教育，卫生、社会保障和社会福利业，文化、体育和娱乐业，公共管理和社会组织，国际组织等若干种。经过筛选后，以下行业在年鉴中具有连续统计序列：农、林、牧、渔业，采矿业，制造业，电力、燃气及水的生产和供应业，建筑业，交通运输、仓储和邮政业，批发和零售贸易，住宿和餐饮业，金融业，保险业，房地产业，国家机关、政党机关和社会团体。对各行业从业人数进行因子分析，得若干主成分，可得信息量排名前三的主成分。这三个主成分在不同因子上具有不同载荷，载荷较大的因子可认为是潜在的与土地数量密切相关的行业。对得到潜在的与土地数量密切相关的行业的从业人数和历年各类土地数量进行相关分析，检验二者的相关程度。经综合分析，最终得到城镇建设空间、乡村建设空间、其他建设空间与农、林、牧、渔业，保险业，房地产业，国家政党机关和社会团体相关性强；农业生产空间、自然生态空间与农、林、牧、渔业，电力、燃气及水的生产和供应业，保险业，房地产业相关性强。

以得到潜在的与土地数量密切相关的行业为基础，以历年各行业从业人数为自变量，以历年各类土地为因变量，进行多元回归分析，得到二者的函数关系。

对历年各行业从业人数进行函数表达，尝试预测 2020 年、2030 年各行业从业人数。在实践中，根据研究区实际情况采取两大策略。一是基期数据段金融业等第三产业增长较快，而结合沈阳经济区的实际情况，从基期至预测期的第三产业恐怕难以再维持这样的高速增长，单一函数对分段变化的表示较差，因此针对这一情况，对第三产业从业人口数量进行不同程度的限定，避免预测数量失控。二是沈阳经济区有诸多资源型城市，故电力等能源行业与用地需求的关联较大，现阶段，整体上矿业城市的能源产业是衰落的，这种衰落有相当大的可能性在未来持续，且衰落速度逐渐减缓，因此针对这种情况，要在算法上予以考虑。使用上述策略和方法，预测各行业 2020 年、2030 年从业人数。

将得到的 2020 年、2030 年各行业从业人数代入得到的从业人数与土地需求函数关系，即可得到 2020 年、2030 年各类土地理论需求，再进行归一化处理，即可得到 2020 年、2030 年各类土地实际需求。该情景具体预测结果见表 9-1 和表 9-2。

表 9-1　趋势发展情景沈阳经济区三生空间数量结构情况

年份	指标	城镇建设空间		乡村建设空间		农业生产空间		自然生态空间		其他建设空间	
		面积（km²）	比例（%）	面积（km²）	比例（%）	面积（km²）	比例（%）	面积（km²）	比例（%）	面积（km²）	比例（%）
2012	基期值	2 148.876	2.855	4 602.763	6.116	31 904.044	42.390	35 577.264	47.270	1 030.224	1.369
2020	预测值	2 193.099	2.914	5 047.116	6.706	34 810.218	46.251	32 260.553	42.864	952.184	1.265
	变幅（%）	2.058		9.654		9.109		-9.323		-7.575	
2030	预测值	2 492.516	3.311	5 553.387	7.379	37 800.969	50.225	28 352.266	37.671	1 064.032	1.414
	变幅（%）	15.992		20.653		18.483		-20.308		3.282	

表 9-2　趋势发展情景沈阳经济区各市三生空间数量结构情况

城市	年份	指标	城镇建设空间		乡村建设空间		农业生产空间		自然生态空间		其他建设空间	
			面积（km²）	比例（%）	面积（km²）	比例（%）	面积（km²）	比例（%）	面积（km²）	比例（%）	面积（km²）	比例（%）
沈阳市	2012	基期值	804.843	6.258	1006.165	7.824	8386.778	65.217	2328.887	18.110	333.214	2.591
	2020	预测值	792.703	6.164	403.795	3.140	8909.076	69.278	2569.481	19.981	184.832	1.437
		变幅（%）	-1.508		-59.868		6.228		10.331		-44.530	
	2030	预测值	948.369	7.375	322.672	2.509	9767.825	75.956	1619.645	12.595	201.376	1.565
		变幅（%）	17.833		-67.931		16.467		-30.454		-39.565	

续表

城市	年份	指标	城镇建设空间		乡村建设空间		农业生产空间		自然生态空间		其他建设空间	
			面积（km^2）	比例（%）	面积（km^2）	比例（%）	面积（km^2）	比例（%）	面积（km^2）	比例（%）	面积（km^2）	比例（%）
鞍山	2012	基期值	255.028	2.755	681.912	7.368	3658.823	39.532	4536.594	49.016	123.007	1.329
	2020	预测值	224.346	2.424	753.324	8.140	4796.791	51.827	3354.117	36.240	126.786	1.370
		变幅（%）	−12.031		10.472		31.102		−26.065		3.072	
	2030	预测值	201.436	2.176	915.074	9.887	5555.915	60.029	2439.748	26.360	143.191	1.547
		变幅（%）	−21.014		34.192		51.850		−46.221		16.408	
抚顺	2012	基期值	189.551	1.682	302.030	2.680	2047.619	18.167	8648.682	76.734	83.145	0.737
	2020	预测值	188.079	1.669	774.082	6.868	2311.690	20.510	7875.342	69.872	121.834	1.081
		变幅（%）	−0.777		156.293		12.897		−8.942		46.531	
	2030	预测值	235.456	2.089	911.184	8.084	2870.806	25.471	7106.768	63.053	146.813	1.303
		变幅（%）	24.217		201.687		40.202		−17.828		76.574	
本溪	2012	基期值	121.944	1.449	228.132	2.711	997.832	11.859	7009.053	83.303	56.974	0.677
	2020	预测值	194.696	2.314	662.987	7.880	766.899	9.115	6679.524	79.387	109.829	1.305
		变幅（%）	59.660		190.615		−23.143		−4.701		92.769	
	2030	预测值	188.061	2.235	812.093	9.652	1028.469	12.223	6258.040	74.377	127.272	1.513
		变幅（%）	54.220		255.975		3.070		−10.715		123.385	
营口	2012	基期值	286.281	5.286	558.467	10.312	2100.931	38.793	2372.878	43.815	97.125	1.794
	2020	预测值	283.687	5.238	287.422	5.307	2275.563	42.018	2486.842	45.919	82.168	1.518
		变幅（%）	−0.906		−48.534		8.312		4.803		−15.400	
	2030	预测值	282.323	5.213	259.701	4.795	1724.539	31.843	3070.469	56.696	78.648	1.453
		变幅（%）	−1.382		−53.498		−17.915		29.399		−19.023	
阜新	2012	基期值	162.208	1.571	644.556	6.241	5556.634	53.807	3864.577	37.422	99.010	0.959
	2020	预测值	211.204	2.045	713.868	6.913	5213.928	50.488	4068.697	39.399	119.288	1.155
		变幅（%）	30.206		10.754		−6.168		5.282		20.481	
	2030	预测值	272.337	2.637	696.035	6.740	6298.236	60.988	2931.477	28.387	128.900	1.248
		变幅（%）	67.894		7.987		13.346		−24.145		30.189	
辽阳	2012	基期值	145.134	3.064	459.688	9.707	2089.748	44.127	1967.105	41.537	74.109	1.565
	2020	预测值	181.312	3.828	429.296	9.065	2053.192	43.355	1993.719	42.099	78.266	1.653
		变幅（%）	24.928		−6.612		−1.749		1.353		5.609	
	2030	预测值	167.632	3.540	528.574	11.161	1921.997	40.585	2029.974	42.865	87.608	1.849
		变幅（%）	15.502		14.985		−8.027		3.196		18.215	

续表

城市	年份	指标	城镇建设空间		乡村建设空间		农业生产空间		自然生态空间		其他建设空间	
			面积（km^2）	比例（%）	面积（km^2）	比例（%）	面积（km^2）	比例（%）	面积（km^2）	比例（%）	面积（km^2）	比例（%）
铁岭	2012	基期值	183.887	1.416	721.814	5.559	7065.680	54.416	4849.487	37.349	163.639	1.260
	2020	预测值	117.073	0.902	1022.342	7.874	8483.080	65.332	3232.831	24.897	129.180	0.995
		变幅（%）	-36.334		41.635		20.060		-33.337		-21.058	
	2030	预测值	196.902	1.516	1108.054	8.534	8633.182	66.488	2896.145	22.305	150.224	1.157
		变幅（%）	7.077		53.510		22.185		-40.279		-8.198	

9.2.1.2 模拟结果

趋势发展情景预测结果表明，沈阳经济区未来城镇建设空间、乡村建设空间和农业生产空间面积均有增加，而自然生态空间面积减小，其他建设空间面积整体变化不大。预测结果表明，城镇建设空间增量降幅明显，2012～2030 年，新增城镇建设用地 343.64 km^2，增幅为 15.992%，远低于 2005～2012 年新增城镇建设用地增加量。新增城镇建设用地主要集中在沈阳市、抚顺市、本溪市及阜新市等；鞍山市、营口市可能出现城镇建设用地的负增长；铁岭市增幅较小。此外，2012～2030 年自然生态空间的面积减小量达 20.308%，表明自然生态环境可能受到破坏，保障生态安全刻不容缓。

9.2.2 生态保护情景

9.2.2.1 情景设计

生态环境是“由生态关系组成的环境”的简称，是指与人类密切相关的，影响人类生活和生产活动的各种自然力量或作用的总和，是水资源、土地资源、生物资源以及气候资源数量与质量的总称。生态环境对人类的生存与发展具有深刻影响，其更是关系到社会和经济可持续发展的重要系统。改革开放以来，党中央、国务院高度重视生态环境保护与建设工作，采取了一系列战略措施，加大了生态环境保护与建设力度。党的十八大以来，习近平总书记十分重视生态文明建设，多次强调绝不能以牺牲生态环境为代价换取经济的一时发展，习近平总书记明确指出既要金山银山，也要绿水青山；绿水青山就是金山银山。在党和政府的不断努力下，我国部分重点地区的生态环境得到了有效保护和改善。在生态文明建设成效初步显现时，我们也应当清楚地意识到，我国人口众多，生态环境地区差异较大，生态环境问题不容乐观。沈阳经济区重工业发达，重工业发展使沈阳经济区产生了植被退化、湿地面积减少、水土流失等环境问题。加之沈阳经济区位于生态敏感带上，水资源时空分配不均，辽东湾水体自净能力弱，植物病虫害多发，保护沈阳经济区生态环境，优化自然生态空间结构刻不容缓。因此，在趋势发展情景计算的基础上，为着重保护自然生态用地，达到生态保护的目的，设计了生态保护情景。

从沈阳经济区土地利用变更调查数据中筛选出沈阳经济区自然生态空间数量。从《辽宁统计年鉴》中筛选出沈阳经济区各市历年年末常住人口数量。研究以人均自然生态空间为主要指标，计算规划区历年人均自然生态空间。结果表明，各市人均自然生态空间不断减少，急需遏制该减少趋势，而诸如鞍山市、辽阳市、铁岭市等典型资源型城市的人均自然生态空间偏少，生态安全状况不容乐观。

由于各规划区实际发展情况、生态保护能力不同，若对不同规划区采用统一标准，则不能突出因地制宜的优化原则，亦会给先天生态条件差的地区造成巨大负担。在实际规划中，对于生态条件较好的地区，要求 2020 年、2030 年人均生态用地分别达到历史最高值的 105%、110%；对于生态条件一般的地区，要求 2020 年、2030 年人均生态用地分别达到历史最高值的 103%、105%；对于生态条件较差的地区，要求 2020 年、2030 年人均生态用地保持历史最高值。

对各规划区历年年末常住人口进行函数表达，预测预测期各规划区年末常住人口。以制定的预测期人均自然生态空间为标准，结合预测期各地常住人口，计算预测期各规划区自然生态空间需求。在土地需求中优先保障自然生态空间，其余用地类型在自然生态空间确定后，再结合趋势发展情景的预测结果确定。该情景具体预测结果见表 9-3 和表 9-4。

表 9-3　生态保护情景沈阳经济区三生空间数量结构情况

年份	指标	城镇建设空间		乡村建设空间		农业生产空间		自然生态空间		其他建设空间	
		面积（km^2）	比例（%）	面积（km^2）	比例（%）	面积（km^2）	比例（%）	面积（km^2）	比例（%）	面积（km^2）	比例（%）
2012	基期值	2 148. 876	2. 855	4 602. 763	6. 116	31 904. 044	42. 390	35 577. 264	47. 270	1 030. 224	1. 369
2020	预测值	2 023. 934	2. 689	4 352. 188	5. 783	31 539. 261	41. 905	36 503. 580	48. 501	844. 207	1. 122
	变幅（%）	−5. 814		−5. 444		−1. 143		2. 604		−18. 056	
2030	预测值	2 161. 927	2. 873	4 568. 266	6. 070	31 190. 081	41. 441	36 448. 697	48. 428	894. 200	1. 188
	变幅（%）	0. 607		−0. 749		−2. 238		2. 449		−13. 203	

表 9-4　生态保护情景沈阳经济区各市三生空间数量结构情况

城市	年份	指标	城镇建设空间		乡村建设空间		农业生产空间		自然生态空间		其他建设空间	
			面积（km^2）	比例（%）	面积（km^2）	比例（%）	面积（km^2）	比例（%）	面积（km^2）	比例（%）	面积（km^2）	比例（%）
沈阳	2012	基期值	804. 843	6. 259	1006. 165	7. 824	8386. 778	65. 216	2328. 887	18. 110	333. 214	2. 591
	2020	预测值	789. 978	6. 143	402. 407	3. 129	8878. 447	69. 040	2604. 859	20. 256	184. 197	1. 432
		变幅（%）	−1. 847		−60. 006		5. 862		11. 850		−44. 721	
	2030	预测值	849. 639	6. 607	289. 080	2. 248	8750. 944	68. 048	2789. 812	21. 694	180. 412	1. 403
		变幅（%）	5. 566		−71. 269		4. 342		19. 792		−45. 857	

续表

城市	年份	指标	城镇建设空间		乡村建设空间		农业生产空间		自然生态空间		其他建设空间	
			面积（km^2）	比例（%）	面积（km^2）	比例（%）	面积（km^2）	比例（%）	面积（km^2）	比例（%）	面积（km^2）	比例（%）
鞍山	2012	基期值	255.028	2.755	681.912	7.368	3658.823	39.532	4536.594	49.016	123.007	1.329
	2020	预测值	179.400	1.938	602.402	6.509	3835.790	41.444	4536.388	49.014	101.386	1.095
		变幅（%）	29.655		-11.660		4.837		-0.005		-17.578	
	2030	预测值	135.639	1.466	616.174	6.657	3741.133	40.421	4665.999	50.414	96.419	1.042
		变幅（%）	-46.814		-9.640		2.250		2.852		-21.615	
抚顺	2012	基期值	189.551	1.682	302.030	2.680	2047.619	18.167	8648.682	76.734	83.145	0.737
	2020	预测值	141.486	1.255	582.317	5.167	1739.011	15.429	8716.561	77.336	91.652	0.813
		变幅（%）	-25.358		92.801		-15.072		0.785		10.231	
	2030	预测值	179.184	1.590	693.421	6.152	2184.714	19.383	8101.981	71.883	111.726	0.992
		变幅（%）	-5.469		129.587		6.695		-6.321		34.374	
本溪	2012	基期值	121.944	1.449	228.132	2.711	997.832	11.859	7009.053	83.303	56.974	0.678
	2020	预测值	146.461	1.741	498.736	5.928	576.905	6.856	7109.214	84.493	82.620	0.982
		变幅（%）	20.105		118.617		-42.184		1.429		45.012	
	2030	预测值	173.877	2.066	750.842	8.924	950.898	11.301	6420.647	76.310	117.673	1.399
		变幅（%）	42.588		229.126		-4.704		-8.395		106.536	
营口	2012	基期值	286.281	5.286	558.467	10.312	2100.931	38.793	2372.878	43.815	97.125	1.794
	2020	预测值	280.798	5.185	284.495	5.253	2252.389	41.590	2516.668	46.470	81.331	1.502
		变幅（%）	-1.915		-49.058		7.209		6.060		-16.261	
	2030	预测值	282.323	5.213	259.701	4.760	1724.539	31.843	3070.469	56.696	78.648	1.452
		变幅（%）	-1.382		-53.498		-17.915		29.399		-19.023	
阜新	2012	基期值	162.208	1.571	644.556	6.241	5556.634	53.807	3864.577	37.422	99.010	0.959
	2020	预测值	211.001	2.043	713.183	6.906	5208.923	50.440	4074.704	39.457	119.174	1.154
		变幅（%）	30.081		10.647		-6.258		5.437		20.365	
	2030	预测值	222.274	2.152	568.085	5.501	5140.450	49.777	4290.971	41.551	105.205	1.019
		变幅（%）	37.030		-11.864		-7.490		11.033		6.256	
辽阳	2012	基期值	145.134	3.064	459.688	9.707	2089.748	44.127	1967.105	41.537	74.109	1.565
	2020	预测值	177.718	3.753	420.787	8.885	2012.498	42.496	2048.066	43.246	76.715	1.620
		变幅（%）	22.452		-8.463		-3.697		4.116		3.516	
	2030	预测值	163.336	3.449	515.030	10.875	1872.749	39.545	2099.306	44.328	85.363	1.803
		变幅（%）	12.542		12.039		-10.384		6.721		15.185	

续表

城市	年份	指标	城镇建设空间		乡村建设空间		农业生产空间		自然生态空间		其他建设空间	
			面积（km^2）	比例（%）	面积（km^2）	比例（%）	面积（km^2）	比例（%）	面积（km^2）	比例（%）	面积（km^2）	比例（%）
铁岭	2012	基期值	183.887	1.416	721.814	5.559	7065.680	54.416	4849.487	37.348	163.639	1.261
	2020	预测值	97.093	0.748	847.862	6.530	7035.299	54.182	4897.119	37.715	107.134	0.825
		变幅（%）	-47.200		17.463		-0.430		0.982		-34.531	
	2030	预测值	155.653	1.199	875.932	6.746	6824.654	52.560	5009.512	38.581	118.754	0.914
		变幅（%）	-15.354		21.352		-3.411		3.300		-27.429	

9.2.2.2 模拟结果

生态保护情景以人均自然生态空间为主要指标，计算规划区历年人均自然生态空间，旨在对沈阳经济区可能面临的生态空间减少问题进行优化。结果表明，若不加以限制，各市人均自然生态空间不断减少，尤其以鞍山市、辽阳市、铁岭市等典型资源型城市的人均自然生态空间减少较大，生态安全状况不容乐观。

由于需要保障自然生态空间面积，需限制其他类型空间的自然发展。结果表明，除自然生态空间外，其余空间面积均有不同程度的减小。其中，其他建设空间由于自身具有减小趋势，加之本身面积较小，且要有一部分转化为自然生态空间，减少幅度在类型空间中偏大。在该情景下，城镇建设用地的比例与 2012 年基本保持持平，乡村建设空间、农业生产空间与其他建设空间的数量有所减少。

9.2.3 土地利用规划情景

9.2.3.1 情景设计

土地利用规划依据现有自然、技术和人力资源的分布与配置状况，旨在使土地得到充分、有效的利用，杜绝人为原因造成的浪费，从而保证土地的利用能满足国民经济发展的要求。土地规划是对一定地区土地合理使用的长期安排，更是该地区经济社会可持续发展的重要参考。在辽宁省政府的领导下，辽宁省制订了以 2005 年为基期、2006 ~ 2020 年为规划期，以包含沈阳经济区在内的辽宁省域为规划区的土地利用总体规划。该规划以保护耕地、促进科学发展用地保障、科学调控和节约集约用地、土地利用与生态建设协调、城乡与区域土地利用一体化为战略，以严格保护耕地、节约集约利用建设用地、统筹城乡与区域土地利用、协调土地利用与生态建设、提高土地宏观调控能力为基本原则，对包括沈阳经济区在内的辽宁省土地利用作出因地制宜的指导。为充分发挥该土地利用规划功能，优化沈阳经济区土地利用结构，结合各规划区土地利用规划，设计土地规划利用情景。

从《土地利用总体规划（2006—2020 年）》（沈阳经济区各市）中筛选出沈阳经济区

各市土地利用总体规划。本工作使用包括城镇建设空间、乡村建设空间、农业生产空间、自然生态空间和其他建设空间的三生空间对土地进行分类，而土地利用总体规划采用土地总归标准对土地进行分类，故分析前，必须将土地利用总体规划中的土地分类与本研究中的土地分类进行对接，明确土地利用研究规划中各种土地类型在本研究中的实际意义。

将土地利用总体规划中对各地类的数量要求转化为对三生空间的数量要求。实际操作中，由于土地利用总体规划分类中各地类与三生空间中各地类具有交叉包含关系，且各市土地利用总体规划具有细微差别，故仅使用土地利用总体规划中要求明确且对接归属明确的地类进行分析。

地类筛选完成后，结合 2020 年地类的数量要求，推算出 2020 年各三生空间的数量要求。目前土地利用总体规划仅以 2020 年为规划末期，故 2030 年各三生空间数量要求需插值计算得到。在土地需求中，优先满足土地利用总体规划中有明确要求的地类，其余地类则在上述地类满足后，结合趋势发展情景预测结果确定。该情景具体预测结果见表 9-5 和表 9-6。

表 9-5　土地利用规划情景沈阳经济区三生空间数量结构情况

年份		城镇建设		乡村建设		农业生产		自然生态		其他建设空间	
		面积（km²）	比例（%）	面积（km²）	比例（%）	面积（km²）	比例（%）	面积（km²）	比例（%）	面积（km²）	比例（%）
2012	基期值	2 148.876	2.855	4 602.763	6.116	31 904.044	42.390	35 577.264	47.270	1 030.224	1.369
2020	预测值	1 925.199	2.558	4 594.575	6.105	32 133.324	42.694	35 584.966	47.281	1 025.108	1.362
	变幅（%）	−10.409		−0.178		0.719		0.022		−0.497	
2030	预测值	1 931.771	2.567	4 561.065	6.060	32 126.387	42.685	35 542.575	47.225	1 101.373	1.463
	变幅（%）	−10.103		−0.906		0.697		−0.098		6.906	

表 9-6　土地利用规划情景沈阳经济区各市三生空间数量结构情况

城市	年份		城镇建设空间		乡村建设空间		农业生产空间		自然生态空间		其他建设空间	
			面积（km²）	比例（%）	面积（km²）	比例（%）	面积（km²）	比例（%）	面积（km²）	比例（%）	面积（km²）	比例（%）
沈阳	2012	基期值	804.843	6.259	1006.165	7.824	8386.778	65.216	2328.887	18.110	333.214	2.591
	2020	预测值	688.717	5.356	1021.095	7.940	8376.314	65.135	2467.421	19.187	306.341	2.382
		变幅（%）	−14.428		1.484		−0.125		5.948		−8.065	
	2030	预测值	671.618	5.223	995.744	7.743	8215.480	63.884	2629.280	20.446	347.765	2.704
		变幅（%）	−16.553		−1.036		−2.042		12.899		4.367	
鞍山	2012	基期值	255.028	2.755	681.912	7.368	3658.823	39.532	4536.594	49.016	123.007	1.329
	2020	预测值	251.865	2.721	693.117	7.489	3705.450	40.036	4469.769	48.294	135.163	1.460
		变幅（%）	−1.240		1.643		1.274		−1.473		9.882	
	2030	预测值	271.342	2.932	698.036	7.542	3735.872	40.364	4400.770	47.548	149.345	1.614
		变幅（%）	6.397		2.364		2.106		−2.994		21.411	

续表

城市	年份		城镇建设空间		乡村建设空间		农业生产空间		自然生态空间		其他建设空间	
			面积（km²）	比例（%）	面积（km²）	比例（%）	面积（km²）	比例（%）	面积（km²）	比例（%）	面积（km²）	比例（%）
抚顺	2012	基期值	189.551	1.682	302.030	2.680	2047.619	18.167	8648.682	76.734	83.145	0.737
	2020	预测值	165.232	1.466	301.438	2.674	2078.707	18.443	8627.307	76.544	98.343	0.873
		变幅（%）	-12.830		-0.196		1.518		-0.247		18.279	
	2030	预测值	162.404	1.441	307.714	2.730	2089.348	18.537	8598.635	76.290	112.926	1.002
		变幅（%）	-14.322		1.882		2.038		-0.579		35.818	
本溪	2012	基期值	121.944	1.449	228.132	2.711	997.832	11.859	7009.053	83.304	56.974	0.677
	2020	预测值	117.487	1.396	226.372	2.690	1009.585	11.999	6999.724	83.192	60.767	0.722
		变幅（%）	-3.655		-0.771		1.178		-0.133		6.657	
	2030	预测值	126.578	1.504	221.054	2.627	1020.388	12.127	6979.118	82.948	66.798	0.794
		变幅（%）	3.800		-3.103		2.260		-0.427		17.242	
营口	2012	基期值	286.281	5.286	558.467	10.312	2100.931	38.793	2372.878	43.816	97.125	1.793
	2020	预测值	265.089	4.895	487.731	9.006	2127.665	39.287	2442.255	45.097	92.941	1.716
		变幅（%）	-7.402		-12.666		1.272		2.924		-4.308	
	2030	预测值	262.815	4.853	481.143	8.884	2127.169	39.278	2445.554	45.158	98.999	1.828
		变幅（%）	-8.197		-13.846		1.249		3.063		1.930	
阜新	2012	基期值	162.208	1.571	644.556	6.241	5556.634	53.807	3864.577	37.422	99.010	0.959
	2020	预测值	146.525	1.419	626.778	6.069	5595.173	54.180	3837.925	37.164	120.585	1.168
		变幅（%）	-9.669		-2.758		0.694		-0.690		21.790	
	2030	预测值	148.389	1.437	613.521	5.941	5627.706	54.495	3790.928	36.709	146.441	1.418
		变幅（%）	-8.520		-4.815		1.279		-1.906		47.905	
辽阳	2012	基期值	145.134	3.065	459.688	9.707	2089.748	44.127	1967.105	41.537	74.109	1.564
	2020	预测值	124.877	2.637	487.288	10.289	2141.417	45.218	1902.823	40.180	79.379	1.676
		变幅（%）	-13.958		6.004		2.473		-3.268		7.111	
	2030	预测值	123.979	2.618	517.098	10.919	2177.697	45.984	1831.172	38.667	85.839	1.812
		变幅（%）	-14.576		12.489		4.209		-6.910		15.827	
铁岭	2012	基期值	183.887	1.416	721.814	5.559	7065.680	54.416	4849.487	37.349	163.639	1.260
	2020	预测值	165.407	1.274	750.756	5.782	7099.014	54.673	4837.741	37.258	131.588	1.013
		变幅（%）	-10.050		4.010		0.472		-0.242		-19.586	
	2030	预测值	164.646	1.268	726.755	5.597	7132.728	54.933	4867.117	37.484	93.261	0.718
		变幅（%）	-10.463		0.685		0.949		0.364		-43.008	

9.2.3.2 模拟结果

土地利用规划情景引入沈阳经济区土地利用总体规划政策，在该情景下城镇建设空间、乡村建设空间与土地利用总体规划中的地类对应较困难，故该情景对农业生产空间、自然生态空间和其他建设空间考虑较为全面。该情景下，城镇建设空间面积减少相对较大，其余类型空间面积小幅度变化，这可能与土地规划的保守性相关。城镇建设空间面积减少，一方面可能与其在该情景下较低的优先级有关，另一方面可能与东北地区的经济衰退相关。

9.3 城市开发边界范围的划定

本章是对城市开发边界中城市（中心城区）各类城乡居民点建设用地开发边界划定的一次科学尝试。城市开发边界具有两方面的属性，既要保证生态安全和自然环境的良好，控制城市的发展规模，也要满足一定时期内城市建设的发展研究，为城市发展预留出“拟发展区”。因此，本研究在城市开发边界划定过程中，首先进行了城市建设用地开发适宜性评价，将不适宜开发建设的土地设定为限制性开发区域，以保障自然本底的生态安全；其次根据不同优化情景发展预测，模拟未来土地城镇化空间格局，在此基础上划定沈阳经济区城市开发边界。

此外，在国土空间规划中，城市开发边界划定缺乏相应标准。利用空间模型模拟的技术方法，根据城市发展的目标和规划期限的要求，对城市地域对土地利用的格局进行模拟预测和优化，并结合区域行政管理的要求，形成城市开发边界范围划定方法，可以支撑国土空间规划和其他规划编制以及部门决策工作。

9.3.1 划定原则

（1）先底后图，红线倒逼

城市开发边界范围的划定是为了达到控制城市扩张规模、保护自然环境和自然生态资源等目标，因此城市开发边界范围划定以圈定“底图”开始，采取先底后图，红线倒逼的划定方法。“底图”数据来源于建设用地开发适宜性评价结果，包括永久基本农田、生态红线等必须保护和保障的用地，绝不能用于开发建设的非建设空间，此部分不能划入城市开发边界范围。

（2）简单易行，衔接行政边界

出于行政管理考虑，基于多情景模拟预测结果，结合村、乡镇等行政边界以及其他外部条件，对城市开发边界范围进行划定，得到各情景下的城市开发边界范围，在此基础上，对多情景方案进行叠加，得到最终范围。

9.3.2 城市开发边界范围划定

1）以村边界为行政单位，划定各情景下城镇建设空间所占比例较大以及城镇建设空间集中连片区域，得到各发展情景下的城市开发边界范围。

2）在此基础上，对多情景方案下的城市开发边界范围进行取并集叠加处理，得到城市开发边界范围。

3）以 2012 年沈阳经济区土地城镇化空间格局为底图，以取并集后的城市开发边界范围为最终范围，进行可视化表达。

9.4 结论与讨论

识别土地利用变化的主要原因、过程和变化趋势是城市总体规划、城市开发边界划定的重要基础。土地利用模型是分析土地利用变化的驱动机制，理解土地利用变化的原因，以及对未来土地利用变化进行模拟预测的重要工具，分析变化趋势的重要政策工具。基于多情景的土地利用模拟和预测，可以为土地利用规划提供技术支持，并且帮助政策制定者制定基于不同政策限制条件下未来可能的土地利用模式。

参考文献

摆万奇，阎建忠，张镱锂．2004. 大渡河上游地区土地利用土地覆被变化与驱动力分析［J］．地理科学进展，23（1）：71-78.

班茂盛，方创琳，刘晓丽，等．2008. 北京高新技术产业区土地利用绩效综合评价［J］．地理学报，63（2）：157-182.

毕宝德．2010. 土地经济学（第6版）［M］．北京：中国人民大学出版社．

卞子浩，马小雪，龚来存，等．2017. 不同非空间模拟方法下CLUE-S模型土地利用预测——以秦淮河流域为例［J］．地理科学，37（2）：252-258.

蔡玉梅，刘彦随，宇振荣，等．2004. 土地利用变化空间模拟的进展——CLUE-S模型及其应用［J］．地理科学进展，23（4）：63-71.

蔡运龙．2001. 土地利用/土地覆被变化研究：寻求新的综合途径［J］．地理研究，(6)：645-652.

曹明奎，李克让．2000. 陆地生态系统与气候相互作用的研究进展［J］．地球科学进展，(4)：446-452.

陈诚，陈雯，吕卫国．2009. 基于空间开发适宜性分区的城镇建设用地配置——以海安县为例［J］．地理科学进展，28（5）：775-781.

陈春．2008. 健康城镇化发展研究［J］．国土与自然资源研究，(4)：7-9.

陈春，冯长春．2010. 中国建设用地增长驱动力研究［J］．中国人口·资源与环境，20（10）：72-78.

陈桂华，徐樵利．1997. 城市建设用地质量评价研究［J］．资源科学，19（5）：22-30.

陈国建，刁承泰，黄明星，等．2002. 重庆市区城市建设用地预测研究［J］．流域资源与环境，11（5）：403-408.

陈彦光．2011. 城市化与经济发展水平关系的三种模型及其动力学分析［J］．地理科学，31（1）：1-6.

崔功豪，马润潮．1999. 中国自下而上城市化的发展及其机制［J］．地理学报，54（2）：106-115.

崔国山．2009. 生态城市评价体系研究——以天津为例［D］．天津：天津商业大学硕士学位论文．

戴声佩，张勃．2013. 基于CLUE-S模型的黑河中游土地利用情景模拟研究——以张掖市甘州区为例［J］. 自然资源学报，28（2）：336-348.

Deischn. 2012. 庞贝古城的哀伤故事［J］．小学科学，(9)：22-24.

邓华，邵景安，王金亮，等．2016. 多因素耦合下三峡库区土地利用未来情景模拟［J］．地理学报，71（11）：1979-1997.

丁成日．2005. 城市土地需求分析［J］．国际城市规划，20（4）：19-25.

丁成日．2007. 城市空间规划：理论、方法与实践［M］．北京：高等教育出版社．

丁成日．2012. 城市增长边界的理论模型［J］．规划师，(3)：5-11.

丁建中，陈逸，陈雯．2008. 基于生态-经济分析的泰州空间开发适宜性分区研究［J］．地理科学，28（6）：842-848.

董黎明，胡健颖，何绍一，等．1995. 房地产开发经营与管理［M］．北京：北京大学出版社．

杜习乐，吕昌河，王海荣．2011. 土地利用/覆被变化（LUCC）的环境效应研究进展［J］．土壤，43（3）：350-360.

段增强，Verburg P H，张凤荣，等. 2004. 土地利用动态模拟模型的构建及其应用——以北京市海淀区为例 [J]. 地理学报，59 (6)：1037-1047.

范树平，程从坤，刘友兆，等. 2017. 中国土地利用/土地覆盖研究综述与展望 [J]. 地域研究与开发，36 (2)：94-101.

冯科，吴次芳，韦仕川，等. 2008. 管理城市空间扩展：UGB 及其对中国的启示 [J]. 中国土地科学，22 (5)：77-80.

冯仕超，高小红，顾娟，等. 2013. 基于 CLUE-S 模型的湟水流域土地利用空间分布模拟 [J]. 生态学报，33 (3)：985-997.

甘红，刘彦随，王大伟. 2004. 土地利用类型轧换的人文驱动因子模拟分析 [J]. 资源科学，26 (2)：88-93.

高志强，易维. 2012. 基于 CLUE-S 和 Dinamica EGO 模型的土地利用变化及驱动力分析 [J]. 农业工程学报，8 (16)：208-216.

郜红娟，张朝琼，王后阵，等. 2016. 小尺度土地利用变化模型在岩溶山区的应用 [J]. 测绘科学，41 (2)：76-80.

耿海清，陈帆，詹存卫. 2009. 基于全局主成分分析的我国省级行政区城市化水平综合评价 [J]. 人文地理，(5)：47-50.

郭洪伟，孙小银，廉丽姝，等. 2016. 基于 CLUE-S 和 InVEST 模型的南四湖流域生态系统产水功能对土地利用变化的响应 [J]. 应用生态学报，27 (9)：2899-2906.

郭欢欢，李波，侯鹰，等. 2011. 元胞自动机和多主体模型在土地利用变化模拟中的应用 [J]. 地理科学进展，30 (11)：1336-1344.

韩会然，杨成凤，宋金平. 2015. 北京市土地利用空间格局演化模拟及预测 [J]. 地理科学进展，34 (8)：976-986.

韩增林，刘天宝. 2009. 中国地级以上城市城市化质量特征及空间差异 [J]. 地理研究，(11)：1508-1514.

后立胜，蔡运龙. 2004. 土地利用/覆被变化研究的实质分析与进展评述 [J]. 地理科学进展，(6)：96-104.

胡兰玲. 2002. 土地发展权论 [J]. 河北法学，20 (2)：143-146.

胡玉敏，杜纲. 2012. 中国城市增长的空间计量经济学研究 [J]. 科学经济社会，(1)：50-52，56.

黄大全，张文新，梁进社，等. 2008. 三明市建设用地开发适宜性评价 [J]. 农业工程学报，(S1)：202-207.

黄明，张学霞，张建军，等. 2012. 基于 CLUE-S 模型的罗玉沟流域多尺度土地利用变化模拟 [J]. 资源科学，34 (4)：769-776.

黄明华，寇聪慧，屈雯. 2012. 寻求“刚性”与“弹性”的结合——对城市增长边界的思考 [J]. 规划师，28 (3)：12-15.

黄明华，田晓晴. 2008. 关于新版《城市规划编制办法》中城市增长边界的思考 [J]. 规划师，24 (6)：13-15.

黄霜. 2015. 基于 CLUE-S 模型的成长型矿业城市空间模拟 [D]. 北京：中国地质大学（北京）硕士学位论文.

江南. 2010. 余音袅袅奏绝唱——庞贝古城的前世今生 [J]. 资源与人居环境，(7)：74-77.

蒋芳，刘盛和，袁弘，等. 2007. 北京城市蔓延的测度与分析 [J]. 地理学报，62 (6)：649-658.

黎夏，叶嘉安. 1999. 约束性单元自动演化 CA 模型及可持续城市发展形态的模拟 [J]. 地理学报，(4)：

3-12.
李黔湘，王华斌．2008．基于马尔柯夫模型的涨渡湖流域土地利用变化预测［J］．资源科学，(10)：1541-1546.
李巍，谢德嫦，张杰．2009．景观生态学方法在规划环境影响评价中的应用——以大连森林公园东区规划环境影响评价为例［J］．中国环境科学，29（6）：605-610.
李卫江．2004．电子政务与空间信息集成的理论及实践［D］．上海：复旦大学博士学位论文．
李宪文，林培．2001．国内外耕地利用与保护的理论基础及其进展［J］．地理科学进展，20（4）：305-312.
李昕，文婧，林坚．2012．土地城镇化及相关问题研究综述［J］．地理科学进展，31（8）：1042-1049.
李秀彬．1996．全球环境变化研究的核心领域——土地利用/土地覆被变化的国际研究动向［J］．地理学报，(6)：553-558.
李莹，黄岁樑．2016．滦河流域未来土地利用变化情景的水文响应［J］．生态学杂志，35（7）：1970-1980.
李铸衡，刘淼，李春林，等．2016．土地利用变化情景下浑河-太子河流域的非点源污染模拟［J］．应用生态学报，27（9）：2891-2898.
厉伟．2004．城市用地规模预测的新思路——从产业层面的一点思考［J］．城市规划，28（3）：62-65.
梁鹤年，谢俊奇．2003．简明土地利用规划［M］．北京：地质出版社．
辽宁省统计局．2013．辽宁统计年鉴［M］．北京：中国统计出版社．
林坚．2007．中国城乡建设用地增长研究［D］．北京：北京大学博士学位论文．
林坚．2009．中国城乡建设用地增长研究［M］．北京：商务印书馆．
林坚，许超诣．2013．土地发展权、空间管制与规划协同［J］．小城镇建设，38（12）：26-34.
刘贵利．2000．城乡结合部建设用地适宜性评价初探［J］．地理研究，19（1）：80-85.
刘海龙．2005．从无序蔓延到精明增长——美国“城市增长边界”概念述评［J］．城市问题，(3)：67-72.
刘纪远，匡文慧，张增祥，等．2014．20 世纪 80 年代末以来中国土地利用变化的基本特征与空间格局［J］．地理学报，69（1）：3-14.
刘菁华，李伟峰，周伟奇，等．2017．京津冀城市群景观格局变化机制与预测［J］．生态学报，37（16）：1-10.
刘柯．2007．基于主成分分析的 BP 神经网络在城市建成区面积预测中的应用——以北京市为例［J］．地理科学进展，26（6）：129-137.
刘淼，胡远满，孙凤云，等．2012．土地利用模型 CLUE-S 在辽宁省中部城市群规划中的应用［J］．生态学杂志，31（2）：413-420.
刘艳军，李诚固，孙迪．2006．区域中心城市城市化综合水平评价研究——以 15 个副省级城市为例［J］．经济地理，(3)：226-228.
刘耀林，焦利民．2008．土地评价理论方法与系统开发［M］．北京：科学出版社．
鲁春阳，文枫，杨庆媛，等．2011．地级以上城市土地利用结构特征及影响因素差异分析［J］．地理科学，(5)：600-607.
鲁德银．2010．土地城镇化的中国模式剖析［J］．商业时代，(33)：7-9.
陆大道，姚士谋．2007．中国城镇化进程的科学思辨［J］．人文地理，19（4）：1-5.
陆汝成，黄贤金，左天惠，等．2009．基于 CLUE-S 和 Markov 复合模型的土地利用情景模拟研究——以江苏省环太湖地区为例［J］．地理科学，29（4）：577-581.

陆文涛，代超，郭怀成．2015. 基于 Dyna-CLUE 模型的滇池流域土地利用情景设计与模拟［J］．地理研究，34（9）：1619-1629.
吕斌，张玮璐，王璐，等．2012. 城市公共文化设施集中建设的空间绩效分析——以广州、天津、太原为例［J］．建筑学报，(7)：1-7.
吕萍，周滔．2008. 土地城市化与价格机制研究［M］．北京：中国人民大学出版社．
罗文斌，吴次芳．2012. 中国农村土地整理绩效区域差异及其影响机理分析［J］．中国土地科学，26（6）：35-41.
马强，徐循初．2004.“精明增长”策略与我国的城市空间扩展［J］．城市规划学刊，(3)：16-22.
蒙吉军，严汾，赵春红．2010. 大城市边缘区土地利用变化模拟研究——以北京市昌平区为例［J］．应用基础与工程科学学报，18（2）：197-208.
倪文岩，刘智勇．2006. 英国绿环政策及其启示［J］．城市规划，30（2）：64-67.
聂婷，肖荣波，王国恩，等．2010. 基于 Logistic 回归的 CA 模型改进方法——以广州市为例［J］．地理研究，29（10）：1909-1919.
潘影，刘云慧，王静，等．2011. 基于 CLUE-S 模型的密云县面源污染控制景观安全格局分析［J］．生态学报，31（2）：529-537.
裴彬，潘韬．2010. 土地利用系统动态变化模拟研究进展［J］．地理科学进展，29（9）：1060-1066.
彭建，蔡运龙，Verburg P H. 2007. 喀斯特山区土地利用/覆被变化情景模拟［J］．农业工程学报，23（7）：64-70.
彭俊婷，洪涛，解智强，等．2015. 基于模糊综合评价的城市地下空间开发适宜性评估［J］．测绘通报，(12)：66-69.
彭坤焘，赵民．2010. 关于“城市空间绩效”及城市规划的作为［J］．城市规划，34（8）：9-17.
齐增湘，廖建军，徐卫华，等．2015. 基于 GIS 的秦岭山区聚落用地适宜性评价［J］．生态学报，35（4）：1274-1283.
任雨来．2006. 天津市规划和土地利用运行分析体系研究［M］．北京：地质出版社．
盛晟，刘茂松，徐驰，等．2008. CLUE-S 模型在南京市土地利用变化研究中的应用［J］．生态学杂志，27（2）：235-239.
史培军，陈晋，潘耀忠．2000. 深圳土地利用变化机制分析［J］．地理学报，55（2）：151-160.
史同广，郑国强，王智勇，等．2007. 中国土地适宜性评价研究进展［J］．地理科学进展，26（2）：106-115.
孙丽娜，梁冬梅．2016. 东辽河流域未来土地利用变化对水文影响的研究［J］．水土保持研究，23（5）：164-168.
孙伟，陈雯．2009. 市域空间开发适宜性分区与布局引导研究——以宁波市为例［J］．自然资源学报，24（3）：402-413.
孙秀锋，刁承泰，何丹．2005. 我国城市人口、建设用地规模预测［J］．现代城市研究，20（10）：48-51.
谭永忠，吴次芳，牟永铭，等．2006. 经济快速发展地区县级尺度土地利用空间格局变化模拟［J］．农业工程学报，22（12）：72-77.
唐常春，孙威．2012. 长江流域国土空间开发适宜性综合评价［J］．地理学报，67（12）：1587-1598.
唐华俊，吴文斌，杨鹏，等．2009. 土地利用/土地覆被变化（LUCC）模型研究进展［J］．地理学报，64（4）：456-468.
田多松，傅碧天，吕永鹏，等．2016. 基于 SD 和 CLUE-S 模型的区域土地利用变化对土壤有机碳储量影响研究［J］．长江流域资源与环境，25（4）：613-620.
田莉．2011. 我国城镇化进程中喜忧参半的土地城市化［J］．城市规划，（2）：11-12.
王德利，赵弘，孙莉．2011. 首都经济圈城市化质量测度［J］．城市问题，（12）：16-22.
王海鹰，张新长，康停军．2009. 基于 GIS 的城市建设用地适宜性评价理论与应用［J］．地理与地理信息科学，25（1）：14-17.
王健，田光进，全泉，等．2010. 基于 CLUE-S 模型的广州市土地利用格局动态模拟［J］．生态学杂志，29（6）：1257-1262.
王祺，蒙吉军，毛熙彦．2014. 基于邻域相关的漓江流域土地利用多情景模拟与景观格局变化［J］．地理研究，33（6）：1073-1084.
王维山．2009. "三规"关系与城市总体规划技术重点的转移［J］．城市规划学刊，（5）：14-19.
王鑫，刘伟玲，张丽，等．2014. 基于 CLUE-S 模型的辽河流域景观格局空间分布模拟［J］．地球信息科学学报，16（6）：925-932.
韦亚平，赵民．2006. 都市区空间结构与绩效——多中心网络结构的解释与应用分析［J］．城市规划，30（4）：9-16.
文雅，龚建周，胡银根，等．2017. 基于生态安全导向的城市空间扩展模拟与分析［J］．地理研究，36（3）：518-528.
吴冬青，冯长春，党宁．2007. 美国城市增长管理的方法与启示［J］．城市问题，（5）：86-91.
吴桂平，曾永年，邹滨，等．2008. AutoLogistic 方法在土地利用格局模拟中的应用——以张家界市永定区为例［J］．地理学报，63（2）：156-164.
吴桂平，曾永年，冯学智，等．2010. CLUE-S 模型的改进与土地利用变化动态模拟——以张家界市永定区为例［J］．地理研究，29（3）：460-470.
吴健生，冯喆，高阳，等．2012. CLUE-S 模型应用进展与改进研究［J］．地理科学进展，31（1）：3-10.
辛晚教，廖淑容．2001. 台湾地区都市计划体制的发展变迁与展望［J］．城市发展研究，7（1）：5-14.
薛俊菲，陈雯，张蕾．2010. 中国市域综合城市化水平测度与空间格局研究［J］．经济地理，30（12）：2005-2011.
杨小鹏．2010. 英国的绿带政策及对我国城市绿带建设的启示［J］．国际城市规划，25（1）：100-106.
野口悠纪雄．1997. 土地经济学［M］．汪斌译．北京：商务印书馆．
英格拉姆，阿曼多·卡伯内尔，康宇雄．2011. 精明增长政策评估［M］．贺灿飞，邹沛思，尹薇，译．北京：科学出版社．
于兴修，杨桂山，王瑶．2004. 土地利用/覆被变化的环境效应研究进展与动向［J］．地理科学，（5）：627-633.
张博，雷国平，周浩，等．2016. 基于 CLUE-S 模型的矿业城市土地利用格局情景模拟［J］．水土保持研究，23（5）：261-266.
张春梅，张小林，吴启焰，等．2012. 城镇化质量与城镇化规模的协调性研究——以江苏省为例［J］．地理科学，（11）：16-22.
张丁轩，付梅臣，陶金，等．2013. 基于 CLUE-S 模型的矿业城市土地利用变化情景模拟［J］．农业工程学报，29（12）：246-256.
张东明，吕翠华．2010. GIS 支持下的城市建设用地适宜性评价［J］．测绘通报，（8）：62-64.
张津，李双成，王阳．2014. 深圳市城市扩展预测与分区评价［J］．北京大学学报（自然科学版），50（2）：379-387.

张丽娟，李文亮，刘栋，等．2011. 哈大齐工业走廊土地利用空间变化动态模拟［J］．地理科学进展，30（9）：1180-1186.
张瑛，陈远新．2000. 辽宁省土地沙漠化现状成因及发展趋势［J］．中国地质灾害与防治学报，11（4）：73-77.
张永民，赵士洞，Verburg P H. 2003. CLUE-S 模型及其在奈曼旗土地利用时空动态变化模拟中的应用［J］．自然资源学报，18（3）：310-318.
张永民，赵士洞，Verburg P H. 2004. 科尔沁沙地及其周围地区土地利用变化的情景分析［J］．自然资源学报，19（1）：29-37.
赵国梁，胡业翠．2014. 基于 CLUE-S 模型的广西喀斯特山区生态系统服务价值变化研究［J］．水土保持研究，21（6）：198-203.
赵米金，徐涛．2005. 土地利用/土地覆被变化环境效应研究［J］．水土保持研究，12（1）：43-46.
赵新平，周一星．2002. 改革以来中国城市化道路及城市化理论研究述评［J］．中国社会科学，（2）：132-138.
周诚．2003. 土地经济学原理［M］．北京：商务印书馆．
周锐，苏海龙，王新军，等．2012. CLUE-S 模型对村镇土地利用变化的模拟与精度评价［J］．长江流域资源与环境，21（2）：174-180.
周一星．2005. 城镇化速度不是越快越好［J］．科学决策，（8）：30-33.
朱利凯，蒙吉军．2009. 国际 LUCC 模型研究进展及趋势［J］．地理科学进展，28（5）：782-790.
Agarwal C，Green G M，Grove J M，et al. 2002. A Review and Assessment of Land-Use Change Models：Dynamics of Space，Time and Human Choice. USDA（Forest Services）［R］．Technical Report NE-297.
Alig R J. 1986. Econometric analysis of the factors influencing forest acreage trends in the southeast.［J］．Forest Science，32（1）：119-134.
Allen T F H，Starr T B. 1982. Hierarchy：Perspectives for Ecological Complexity［M］．Chicago：University of Chicago Press.
Almeida C M，Gleriani J M，Castejon E F，et al. 2008. Using neural networks and cellular automata for modeling intra-urban land-use dynamics［J］．International Journal of Geographical Information Science，22（9）：943-963.
Alonso W. 1964. Location and Land Use：Towards a General Theory of Land Rent［M］．Cambridge：Harvard University Press.
Ayotamuno A，Gobo A E，Owei O B. 2010. The impact of land use conversion on a residential district in Port Harcourt，Nigeria［J］．Environment and Urbanization，（4）：259-265.
Baker W L. 1989. Landscape ecology and nature reserve design in the boundary waters canoe area，Minnesota［J］．Ecology，70：23-35.
Batty M. 2001. Models in planning：technological imperatives and changing roles［J］．International Journal of Applied Earth Observation and Geoinformation，3（3）：252-266.
Besag J E. 1972. Nearest-neighbour systems and the auto-logistic model for binary data［J］．Journal of the Royal Statistical Society，34（1）：75-83.
Betts M G，Diamond A W，Forbes G J，et al. 2006. The importance of spatial autocorrelation，extent and resolution in predicting forest bird occurrence［J］．Ecological Modelling，191（2）：197-224.
Braimoh A K，Onishi T. 2007. Spatial determinants of urban land use change in Lagos，Nigeria［J］．Land Use Policy，24（2）：502-515.

Britz W. 2011. Modelling of land cover and agricultural change in Europe: Combining the CLUE and CAPRI-Spat approaches [J]. Agriculture Ecosystems & Environment, 142 (1-2): 40-50.

Brueckner J K. 1987. Chapter 20 The structure of urban equilibria: A unified treatment of the muth-mills model [J]. Handbook of Regional & Urban Economics, 2 (87): 821-845.

Brueckner J K. 2000. Urban Sprawl: Diagnosis and Remedies [J]. International Regional Science Review, 23 (2): 160-171.

Castella J C, Verburg P H. 2007. Combination of process-oriented and pattern-oriented models of land-use change in a mountain area of Vietnam [J]. Ecological Modelling, 202 (3-4): 410-420.

Chapin F S, Edward J, Kaiser J. 1979 Urban Land Use Planning (3rd) [M]. Illinois: University of Illinois Press.

Clarke K C, Hoppen S, Gaydos L. 2008. A self-modifying cellular automaton model of historical urbanization in the San Francisco Bay area [J]. Environment & Planning B, 24 (2): 247-261.

Collins M G, Steiner F R, Rushman M J. 2001. Land-use suitability Analysis in the United States: historical development and promising technological achievements [J]. Environmental Management, 28 (5): 611-621.

Coughlin R E, et al. 1977. Saving the Garden: The Preservation of Farmland and Other Environmentally Valuable Land [M]. Philadelphia: Regional Science Research Institute.

Dendoncker N, Rounsevell M, Bogaert P. 2007. Spatial analysis and modelling of land use distributions in Belgium [J]. Computers Environment and Urban Systems, 31 (2): 188-205.

Edwards J L. 1977. Use of a Lowry-type spatial allocation model in an urban transportation energy study [J]. Transportation Research, 11 (2): 117-126.

Foley J A, Defries R, Asner G P, et al. 2005. Global consequences of land use [J]. Science, 309: 570-574.

Gibson C C, Ostrom E, Ahn T K. 2002. The concept of scale and the human dimensions of global change: a survey [J]. Ecological Economics, 32 (2): 217-239.

Giraldo M A, Chaudhari L S, Schulz L O. 2012. Land-use and land-cover assessment for the study of lifestyle change in a rural Mexican community: The Maycoba Project [J]. International Journal of Health Geographics, (1): 27.

Githui F, Mutua F, Bauwens W. 2009. Estimating the impacts of land-cover change on runoff using the soil and water assessment tool (SWAT): case study of Nzoia catchment, Kenya [J]. Hydrological Sciences Journal, 54 (5): 899-908.

Goldner W. 1971. The lowry model heritage [J]. Journal of the American Institute of Planners, 37 (2): 100-110.

Green D G. 1994. Connectivity and complexity in landscapes and ecosystems [J]. Pacific Conservation Biology, 1 (3). DOI: 10.1071/pc940194.

Greenhood D. 1964. Mapping [M]. Chicago: University of Chicago Press.

Han H, Dong Y. 2017. Spatio-temporal variation of water supply in Guizhou Province, China [J]. Water Policy, 19 (1): 181-195.

Hicks J R. 1932. The Theory of Wages [M]. London: McMillan.

Holling C S. 1992. Cross-scale morphology, geometry, and dynamics of ecosystems [J]. Ecological Monographs, 62: 447-502.

Hopkins L D. 1977. Methods for generating land suitability maps: a comparative evaluation [J]. Journal of the

American Institute of Planners, 43 (4): 386-400.

Hu Z, Lo C P. 2007. Modeling urban growth in Atlanta using logistic regression [J] . Computers Environment and Urban Systems, 31 (6): 667-688.

Hunt J D, Kriger D S, Miller E J. 2005. Current operational urban land-use: Transport modeling frameworks: A review [J] . Transport Reviews, 25 (3): 329-376.

Hunt J D, Simmonds D C. 1993. Theory and application of an integrated land- use and transport modeling framework [J] . Environment & Planning B, 20 (2): 221-244.

Jenerette G D, Wu J G. 2001, . Analysis and simulation of land-use change in the central Arizona-Phoenix region, USA [J] . Landscape Ecology 16: 611-626.

Ji C Y, Liu Q U, Sun D, et al. 2001. Monitoring urban expansion with remote sensing in China [J] . International Journal of Remote Sensing, (8): 1441-1455.

Jiang W, Deng Y, Tang Z, et al. 2017. Modelling the potential impacts of urban ecosystem changes on carbon storage under different scenarios by linking the CLUE-S and the InVEST models [J] . Ecological Modelling, 345: 30-40.

Kaimowitz D. 1997. Land use patterns and natural resource management in Central America [C] //Neidecker Gonzales O, Scherr S J. Agricultural growth, natural resource sustainability, and poverty alleviation in Latin America: the role of hillside regions. Conference on Agricultural Growth, Natural Resource Sustainability, and Poverty Alleviation in Latin America-The Role of Hillside Regions.

Lambin E F, Geist H. 2006. Land- Use and Land- Cover Change: Local Processes and Global Impacts [M] . Berlin: Springer-Verlag Berlin Heidelberg.

Landis J D. 1994. The California Urban Futures Model: A new generation of metropolitan simulation models [J]. University of California Transportation Center Working Papers, 21 (4): 399-420.

Lin J, Huang F M. 2008. A Study on the Increment and Driving Force of Beijing Consequences of Land Use [M] . Hong Kong: The Hong Kong Polytechnic University Press.

Lin Y P, Chu H J, Wu C F, et al. 2011. Predictive ability of logistic regression, auto-logistic regression and neural network models in empirical land-use change modeling-a case study [J] . International Journal of Geographical Information Science, 25 (1): 65-87.

Lin Y, Lin Y, Wang Y, et al. 2008. Monitoring and predicting land- use changes and the hydrology of the urbanized Paochiao Watershed in Taiwan using remote sensing data, urban growth models and a hydrological model [J] . Sensors, 8 (2): 658-680.

Long H, Tang G, Li X, et al. 2007. Socio-economic driving forces of land-use change in Kunshan, the Yangtze River Delta economic area of China [J] . Journal of Environmental Management, (3): 351-364.

Lowry I S. 1964. A Model of Metropolis. RM-4035-RC [Z] . Santa Monica, CA: Rand Corporation.

Luo G, Yin C, Chen X, et al. 2010. Combining system dynamic model and CLUE-S model to improve land use scenario analyses at regional scale: A case study of Sangong watershed in Xinjiang, China [J] . Ecological Complexity, 7 (2): 198-207.

Mackett R L. 1991a. A model- based analysis of transport and land- use policies for Tokyo [J] . Transport Reviews, 11 (1): 1-18.

Mackett R L. 1991b. LILT and MEPLAN: a comparative analysis of land-use and transport policies for Leeds [J] . Transport Reviews, 11 (2): 131-154.

Miyamoto K, Kitazume K. 1989. A land-use model based on random utility /rent-bidding analysis (RURBAN) .

Transport policy, management and technology–Towards 2001 [C]. Yokohama: Selected Proceedings of the Fifth World Conference on Transport Research.

Nelson G C. 2002. Introduction to the special issue on spatial analysis for agricultural economists [J]. Agricultural Economics, 27 (3): 197-200.

Overmars K P, Verburg P H. 2006. Multilevel modelling of land use from field to village level in the Philippines [J]. Agricultural Systems, 89 (2-3): 435-456.

O'Sullivan A. 2002. Urban Economics (5th edition) [M]. New York: McGraw-Hill/Irwin.

Prastacos P. 1986. An integrated land-use - transportation model for the San Francisco Region [J]. Environment and Planning A, 18 (4): 511-528.

Pun K S. 1989. Land Demand Analysis: a Hong Kong case study [C]. Seminar on Demand Analysis. Hong Kong: Centre of Urban Stuies and Urban Planning Hong Kong University.

Putman S H. 1991. Integrated Urban Models 2 : New Research and Applications of Optimization and Dynamics [M]. London: Pion Limited.

Rindfuss R R, Walsh S J, Nd T B, et al. 2004. Developing a science of land change: challenges and methodological issues. [J]. Proceedings of the National Academy of Sciences of the United States of America, 101 (39): 13976-13981.

Salvini P, Miller E J. 2005. ILUTE: An operational prototype of a comprehensive microsimulation model of urban systems [J]. Networks and Spatial Economics, 5 (2): 217-234.

Simmonds D C. 1991. One city, three models: comparison of land- use/transport policy simulation models for dortmund [J]. Transport Reviews, 11 (2): 107-129.

Sirmans C F, Redman A L. 1979. Capital- Land substitution and the price elasticity of demand for urban residential land [J]. Land Economics, 55 (2): 167-176.

Soulard C E, Sleeter B M. 2012. Late twentieth century land-cover change in the basin and range ecoregions of the United States [J]. Regional Environment Change, (2): 813-823.

Steiner F, Mcsherry L, Cohen J. 2000. Land suitability analysis for the upper Gila River watershed [J]. Landscape and Urban Planning, 50 (4): 199-214.

Tang C, Jie F, Wei S. 2015. Distribution characteristics and policy implications of territorial development suitability of the Yangtze River Basin [J]. Journal of Geographical Sciences, 25 (11): 1377-1392.

Thamodaran R, English B, Heady E O. 1981. A Statewide Projection of Agricultural Land Losses to Nonagricultural Land Uses [C]. Working Paper, Iowa State University: Center for Agricultural and Rural Development.

Trisurat Y, Alkemade R, Verburg P H. 2010. Projecting Land-Use Change and Its Consequences for Biodiversity in Northern Thailand [J]. Environmental Management, 45 (3): 626-639.

Turner Ii B L, Skole D L, Sanderson S, et al. 1995. Land-use and land-cover change [C].

Veldkamp A, Fresco L O. 1996. CLUE: a conceptual model to study the conversion of land use and its effects [J]. Ecological Modelling, 85 (2): 253-270.

Veldkamp A, Lambin E F. 2001. Predicting land-use change [J]. Agriculture Ecosystems and Environment, 85 (1-3): 1-6.

Verburg P H. 2006. Simulating feedbacks in land use and land cover change models [J]. Landscape Ecology, 21 (8): 1171-1183.

Verburg P H, Soepboer W, Veldkamp A, et al. 2002. Modeling the spatial dynamics of regional land use: The

CLUE-S Model [J] . Environmental Management, 30 (3): 391.

Verburg P H, Schot P P, Dijst M J, et al. 2004. Land use change modelling: current practice and research priorities [J] . GeoJournal, 61 (4): 309-324.

Verburg P H, Eickhout B, Meijl H V. 2008. A multi- scale, multi- model approach for analyzing the future dynamics of European land use [J] . The Annals of Regional Science, 42 (1): 57-77.

Waddell P, Borning A, Noth M, et al. 2003. Microsimulation of urban development and location choices: design and implementation of UrbanSim [J] . Networks and Spatial Economics, 3 (1): 43-67.

Wassenaar T, Gerber P, Verburg P H, et al. 2007. Projecting land use changes in the Neotropics: the geography of pasture expansion into forest [J] . Global Environmental Change, 17 (1): 86-104.

White R, Engelen G. 1993. Cellular automata and fractal urban form: a cellular modelling approach to the evolution of urban land-use patterns [J] . Environment and Planning A, 25: 1175-1199.

Wu F, Webster C J. 1998. Simulation of land development through the integration of cellular automata and multicriteria evaluation [J] . Environment and Planning B, 25: 103-126.

Wu W T, Zhou Y X, Tian B. 2017. Coastal wetlands facing climate change and anthropogenic activities: a remote sensing analysis and modelling application [J] . Ocean and Coastal Management, 138: 1-10.

Zhang L, Nan Z, Yu W, et al. 2015. Modeling land-use and land-cover change and hydrological responses under consistent climate change scenarios in the heihe river basin, China [J] . Water Resources Management, 29 (13): 4701-4717.

Zhang L, Nan Z, Yu W, et al. 2016. Hydrological responses to land-use change scenarios under constant and changed climatic conditions [J] . Environmental Management, 57 (2): 412.

Zhou R, Zhang H, Ye X, et al. 2016. The delimitation of urban growth boundaries using the CLUE-S land-use change model: study on Xinzhuang town, Changshu city, China [J] . Sustainability, 8 (11): 1182.